文系のための数学教室

小島寛之

講談社現代新書
1759

数学でも「下手の横好き」ってあっていいでしょ――まえがきにかえて

この本は、「自称文系」という人のための数学書である。というか、数学に苦手意識を持っている人に、その「食わず嫌い」をなおしてもらうための本だといっていい。その意味では、理系の人が読んだって効能はあるはずだ。できたら、数学アレルギーの多くの人の、その症状の緩和にも貢献できたらいいな、とまで思っている。

そもそも「下手くそ」であることと「嫌い」ということはイコールではない。それを混同してはいけない。このことをたとえ話で説得したいと思うが、数学の本を書いている筆者が、数学が苦手だった、といっても誰も信用してくれないだろうから、その話はあとがきにまわすことにして、ここでは別の話をしよう。

筆者は、将棋が下手である。思い起こせば中学生のとき、同級生に六枚落ち（つまり相手には、飛車・角・桂・香がない）で二十七連敗をしたのがことの始まりだ。そいつはその後プロ棋士になった奴なのでさもありなんなのだが、そんな屈辱的な連敗を喫してさえ筆者は将棋を嫌いにならなかった。いや、むしろ好きだといえる。今でも、テレビ対局はよく観戦するし、名人戦や竜王戦は欠かさず中継を観る。下手くそにだって、将棋の進歩は理解できるし、羽生将棋について熱く語ることだってできる。

将棋じゃ説得力がない、という人もおられるだろうから、もう一つ話そう。

筆者は、社会科が苦手だった。どのくらい苦手かというと、赤点はあたりまえ、高校三年のときなど卒業が危ぶまれたくらいの苦手だった。しかしである。筆者は社会科を嫌いだと感じたことは一度もなかった。いや、むしろ好きだった。ただ勉強しても点数が取れないだけだと納得していた。その筆者が今は、めぐりめぐって社会科学（経済学）の学者になっている。こうなったのも、単なる「社会科下手」であって、「社会科嫌い」でなかったことへのご褒美に違いない、そう信じている。

いいたいことは要するに、この本を読むことで、多くの人に「数学嫌い」から「数学下手」に変身してもらいたい、そういうことなのだ。数学という人類にとって最古の文化・教養を嫌いなままで終わるなんて、せっかくの人生がもったいない。下手でも堂々と数学を楽しめれば、人生はいちだんと豊かなものになるだろう。

下手くそ覚悟で数学を学び直すのに、いまさら中高生の数学をやり直したり、算数ドリルをやったりするのは実にばかげている。そもそも下手くそ道にもとる所業である。どうせやるなら、二十一世紀を生きているからこそ知ることのできる、そういう最前線の数学を図々しく学べばいい。よくいわれることばに、「下手の横好き」というのがある。誰に遠慮することもなく、現代数学の横好きになったらいいと思う。それが学校生活を生きるのではなく、大人生活を生きる良さである。そして、考えようによっては、数学のプロよりも数学の横好きのほうがずっと幸せだといえるのだ。

さて、この本は、表面的には文系向けのネタを並べてある。人口統計の棒グラフとか、論理的な話し方とか、株価、市場経済、民主主義、神学、哲学等々である。しかし、その料理の食材として、現代数学の初歩を仕込んであるのだ。列挙すれば、ルベーグ積分、数理論理とゲーデルの定理、トポロジー、距離空間と関数解析、選好理論、確率積分とブラック＝ショールズ公式等々の比較的新しい理論である。これらの文理折衷のエスニック料理によって、読者の「食わず嫌い」がなおることを期待してやまない。

目次

序章　棒グラフで微分積分読解術

数式は、眺め方がわかればこわくない

数学への苦手意識をもっておられる方は、世の中にたくさんいます。「数学がダメだったので消去法で文系になりました」と告白する人も少なくありません。しかし、人間の脳は理系脳・文系脳というふうにはっきり分かれているわけではないはずです。その証拠に、文系を専攻された人の中にも、数学の得意な人はたくさんおります。現代の経済理論は、数学をベースにして展開されます。多くの経済学者は、数学を縦横無尽に用いて研究をしています。また、法律を理解するのは、数学の法則を理解するのと似た作業なのだそうです。ですから、法律家の中には、数学の好きな人が多いとか。現代の心理学や社会学では、統計処理は必須です。そして、その統計学は微積分抜きには理解できませんから、必然的に微積分と親しんだ人がこれらの分野に従事しているはずです。

つまり、数学はいまや理系に固有の学問ではなく、文系でも必需の道具として利用されているのです。「文系だから数学はわからない」と決め付けてしまうのは、実にもったいないことです。**文系には文系固有の数学の利用方法、理解の仕方があっていいでしょう。**もっと前向きにいうなら、文系の人が論文を読むにせよ書くにせよ、数学の要点を大づかみに把握しておくことは非常に有益だということです。

実は、**数学は「言語」の一種**です。しかし、このことを意識している文系の方はあんがい少ないのです。わたしたちは、母国語を日常の思考やコミュニケーションに用いていますが、それ以外にもさまざまな言語を無意識で使っています。英語そのもので会話をしないにしても、英単語でニュアンスを表現することは非常に多いはずです。日本語に置き換えることの不可能な感覚を表現するときは、臆することなく英単語を使います。年配の男性は、喩《たと》え話の中に、野球やゴルフの概念を混ぜますね。それは、そのほうが話が端的に通じることが多いからです。また、子供たちはロールプレイングゲームの言語で会話するため、ゲーム世代でない筆者などにはちんぷんかんぷんになることがよくあります。パソコンの普及した現代では、パソコンのプログラム言語なども平気で利用されます。

わたしたちは、このように、多種類の言語を状況に応じて使い分けているのですが、数学もそういう言語の一つにすぎない、そう考えれば、数学だけ毛嫌いされることもないのに、と思えてきます。**数学も、臆することなくテキトーに思考や会話で利用すればいいの**です。言語とは本来そういうものです。本書では、数学のそういう利用法をお見せするつもりです。

筆者の教員経験から感じるのは、数学が苦手だという方の多くは、数学が苦手なのではなく、「**数式の眺め方がわからない**」のではないかということです。文章の中に数式が出てきたとたん、見ず知らずの外国語を見るような気分に陥って、そこを飛ばしてしまう。しかし、その後、文章をなんとか読みつないでも、飛ばした数式が前提とされているため、わからないことがどんどん積み重なっていって、最後には読み進もうという気力を失ってしまう、そんな感じなのだと思います。

こういう方の多くに共通するのは、「数式をそのまままるごと百パーセント理解しよう」とする傾向です。実は、数学が得意な人ほど、そういうことをしません。まずは「いまのところ必要とされるレベル」程度に理解をしておきます。そのためには、**「数式を頭の中でなんらかの具体的なイメージに置き換える」**という作業をします。そして、後になってもっと深く理解する必要が出てきたら、「戻ってその式をもうすこし緻密なイメージに描き換える」、そんなことを繰り返しながら読み進むのです。

このような「数式を頭の中でイメージ作りして、おおざっぱに理解する」ことができるようになれば、数学の本を読むのはそんなに難儀なことではなくなるし、逆にその楽しさもわかってくるでしょう。

たとえば、次のような式が出てきたら、多くの文系の方は目を背け、その本を閉じて書棚に戻してしまうに違いありません（おっと、この本はそうしないで下さいね）。

$$\sum_{x \in A} F(x)\mu(x) \quad \cdots ①$$

あるいは、次の式なんかだったら、もっとてきめんでしょう。

$$\int_A f(x)\mu(dx) \quad \cdots ②$$

しかし、数学を苦にしない者の立場からいえば、①式も②式もどうってことがないのです。これを本の中でみかけたら、「当座、どう理解したらいいか」、その方法論をもっているからです。筆者の理解の仕方をお教えしましょう。まず、②式を見たら、すぐに①式に頭の中で置き換えてしまいます。どうしてこうするかというと、**②式は①式と本質的には同じ**だからです。さらには、①式は以下のように理解します。

「なるほどなるほど、何か棒グラフがあるんだな。ふむふむ。そして、**棒グラフの面積を合計するんだな**。面積はきっとナニカ特別な量を表しているに違いない」

こういう理解に達してしまえば、あとは読み進んでいって、数式が何を訴えようとしているのかはそのうちわかってくるだろう、そうタカをくくります。万が一それがかなわないなら、①式に戻って、もっと細かく数式を理解し直せばいいのです。

え？　なんで①式が「棒グラフ」なのかって？

そのことこそが本章のテーマですから、それこそ読み進んでいただければわかっていただけるでしょう。では、「棒グラフ」の話、はじまりはじまり。

棒グラフからはじまる数学

皆さんは、小学校のときに**棒グラフ**というのをたくさん習ったはずです。算数だけでなく、理科や社会でも使ったのではないでしょうか。小学生のときはグラフの代表選手であったものなのに、中学生以上になるとほとんどみかけなくなるのはふしぎです。中学生以上にとって、数学の主役となるグラフは、1次関数のグラフである「直線」や、2次関数のグラフである「放物線」などです。

しかし、社会に出るとまた一転します。直線グラフも、ましてや放物線グラフなどにも、ほとんどお目にかかることはなく、棒グラフとか折れ線グラフとか円グラフとかが主役に戻ります。このことは、一度新聞を開いて、なにがしかのグラフを見つけ出してみれば、おのずと確認できることでしょう。

棒グラフの代表的なものとして、社会統計にご登場を願うとしましょう。例として「日本における県別の人口密度」に注目してみることにします。

図1

北海道	72
宮城県	324
東京都	5516
石川県	282
愛知県	1366
大阪府	4651
広島県	339
香川県	545
福岡県	1009
沖縄県	580

人口密度というのは、1㎢あたりに何

人の人が住んでいるかを表したものです。平成十二年の国勢調査によれば、図1のようになっています。小数点以下を切り捨てています。また全部出すのはスペースが大変なので、各地域から一つずつを適当に抜き出して十都道府県だけ載せてみました。これを棒グラフにすれば、図2のようになります。このように棒グラフにすると、それぞれの人口密度がどんなふうに分布しているか、一目瞭然に見て取れるようになるでしょう。「東京と大阪はさすがに突出して人口密度が高いな」とか、「沖縄は予想外に高いかも」とか、いろいろ想いをめぐらすことができて楽しいのではないでしょうか。ところで人口密度は1㎢あたりに住んでいる人の人数だということを思い出すと、

図2

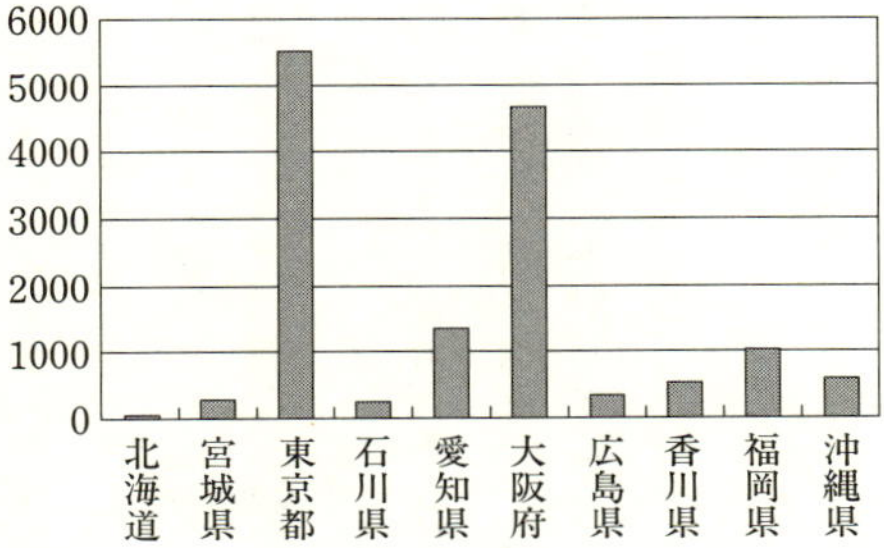

［人口密度］×［面積］＝［人口］

という計算が成立することがすぐわかります。ですから、X県の面積をμ(X)と書くことにすると（μはギリシャ文字でミューと読みます）、

5516×μ(東京都)

は、東京の人口を表す計算になるわけです。読者はいま、

なんでたかが人口を出す計算に、μ(X) なんて記号が必要なんだ、と思ったに違いありません。たしかに、この話だけをしている分には不必要です。けれども、世の中では、これと同じ構造の計算が、他の場面でも多々出てきます。そのときこのような共通の記号法を開発しておけば、**異なる数理的なモデルを統一的な方法で表現して理解する**ことができるようになります。そして何か一つのモデルで理解しておけば、それを足がかりにして全部を理解できますから、それは非常に心強いことです。

続けましょう。このかけ算を全都道府県について作って、それを合計すると、必然的に日本の全人口を計算することになります。つまり、

$$72 \times \mu(\text{北海道}) + \cdots + 324 \times \mu(\text{宮城県}) + \cdots + 5516 \times \mu(\text{東京都}) + \cdots + 580 \times \mu(\text{沖縄県})$$

$$= [\text{日本の全人口}]$$

この式は要するに、

[Xの人口密度]×[Xの面積] の合計

=[日本の全人口]

ということを表しているわけです。だから、都道府県Xの人口密度のほうも、記号 F(X) と書くことにし、さらに合計を表す記号 Σ（やはりギリシャ文字でシグマと読みます）を導入すれば、

$$\sum_{X \in 日本の都道府県} F(X)\mu(X) = [日本の全人口] \quad \cdots(*)$$

と簡明に書き表すことができます。

この式の読み方をお教えしましょう。最初のΣは「合計せよ」という命令です。次に｛X∈日本の都道府県｝ですが、まず∈は、集合において「属する」ということを表す記号です。つまり、｛X∈日本の都道府県｝は「Xは日本の都道府県に属している」ということを簡略に表している表現なのです。だから、これは、「どういうものに対して合計するのかといえば、日本の都道府県に属するもの全部にわたって合計せよ」ということを意味しています。次にF(X)が都道府県Xの人口密度を表すもので、μ(X)が都道府県Xの面積ですから、積F(X)μ(X)は都道府県Xの人口です。したがって、(*)の左辺は、「日本のすべての都道府県について、その人口を合計せよ」という簡単なことを表しているにすぎないのです。

ここで、冒頭で紹介した①式をもう一度見てみてください（12ページ）。(*)式とそっくりですよね。ということは、いまの説明を理解できた人なら、もう①式はこわくないはずです。何かの本の中で①式タイプの式を見かけたら、頭の中に「人口密度の棒グラフ」を思い浮かべるようにしましょう。そして、心の中で、「この式は、たとえてみるなら、[Xの人口密度]×[Xの面積]の全県にわたる合計、みたいな計算をしてるんだな」、とつぶやいてみて下さい。その上で読み進むと、自分の持っているイメージが、本に書かれている内容を実にイメージ豊かに理解させてくれることに驚かれることでしょう。

立体棒グラフをイメージする

以上の（＊）式のような計算を扱うなら、棒グラフは、実は「立体的」に描いたほうがなおさらよかった、とわかります。立体にすれば、「棒の高さ」以外に、「棒の太さ」も導入できるからです。ここで、「棒の太さ」を都道府県Xの面積μ(X)にするのは自然なことであり、また非常に実用的であることが以下の例からわかります。

例として、四国4県に対して、これを実行してみましょう。四国は図3のような地図になっていますから、各面積をそのまま利用できるように、この地図の上に棒グラフを立てると便利でしょう。

四国4県の人口密度と面積は上の図4のようになっていますから、底面積が各県の

図3

図4

	人口密度	面積
徳島県	198	4,145
香川県	545	1,875
愛媛県	263	5,676
高知県	114	7,104

面積と一致し、高さが人口密度となるような立体棒グラフを作れば図5のようになるでしょう。県の形そのものはどうでもいいので、すべて長方形に単純化しておきましょう。

さて、この図のように立体棒グラフを作ったとき、F(X)×μ(X)を求める計算は、立体においては何を意味することになるでしょうか。F(X)は棒の高さ、μ(X)は底面積ですから、これは各直方体の体積を計算していることに他なりません。一方、F(X)は人口密度、μ(X)は面積でしたから、この積は人口を表してもいるわけです。たとえば、

F(香川県)×μ(香川県)=545×1875=1021875

=[香川県の人口]

というふうになります。したがって、この積を四国4県にわたって行い合計すると、四国の全人口が計算されることになり、そして他方、立体棒グラフの上では、4つの直方体の体積を表すことになるのです。つまり、

[直方体の体積の合計]

$=\sum_{X\in 四国}$ F(X)×μ(X)=F(徳島県)×μ(徳島県)+F(香川県)×μ(香川県)+F(愛媛県)×μ(愛媛県)+

図5

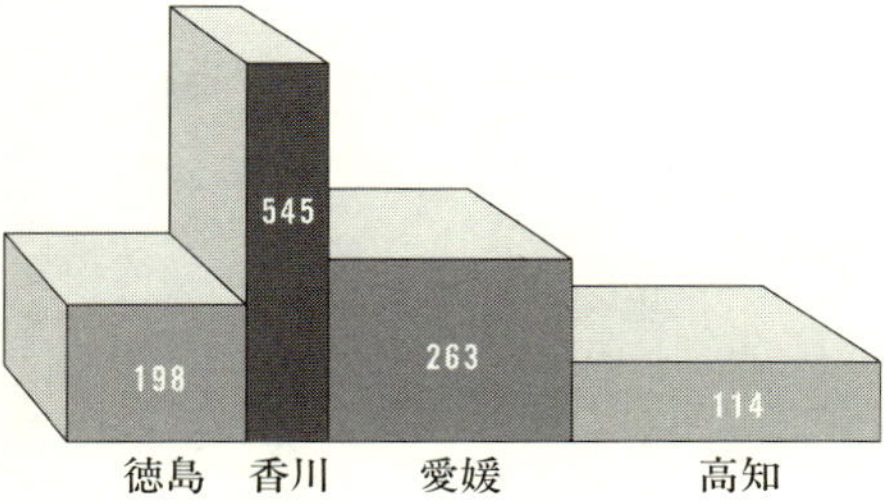

$F(\text{高知県}) \times \mu(\text{高知県}) = $［四国の人口］

すなわち、

［直方体の体積の合計］＝［四国の人口］

ということです。図形の体積と県の人口が等式で結ばれるなんて意外ですよね。このことから「図形の体積に関する知識を利用しながら人口の分析をすることができる」ので、非常に有用です。このように、**科学とは、一つの既知の知識をベースキャンプにして別の知識に足をのばしていく冒険なのだ**、と思ってよいのです。

この計算は、さらに発展させ応用することができます。

一例として、四国をひとまとまりの大きな地域と見て、「四国全体での人口密度」を求めてみましょう。もちろんこれは、四国全体の面積で、四国の総人口を割り算すればよいですよね。つまり、

［四国の人口密度］

$= \{\sum_{X \in \text{四国}} F(X) \times \mu(X)\} \div \mu(\text{四国})$　…（☆）

とすればいいわけです。ここで、$\mu(\text{四国})$は四国の総面積を表しています。図形を複数の図形に分割したとき、その各面積の和が元の図形の面積と同じになることを使えば、

$\mu(\text{四国}) = \mu(\text{徳島県}) + \mu(\text{香川県}) + \mu(\text{愛媛県}) + \mu(\text{高知県})$

という式が成立します。これは「面積の加法性」と呼ばれる性質です。したがって（☆）は、

$$[\text{四国の人口密度}] = \left\{\sum_{X\in\text{四国}} F(X)\times\mu(X)\right\} \div \left\{\mu(\text{徳島県})+\mu(\text{香川県})+\mu(\text{愛媛県})+\mu(\text{高知県})\right\}$$

と表すこともできます。この（☆）の計算は、立体棒グラフ上では何を意味しているでしょうか。これは、体積を底面積の和で割っている計算ですから、**図6**のように、四つの直方体の高さを平らにならして、同じ体積の一つの直方体を作ったものになる、とわかります。このとき、大きな一つの直方体の高さが四国の人口密度となっているわけです。

図6

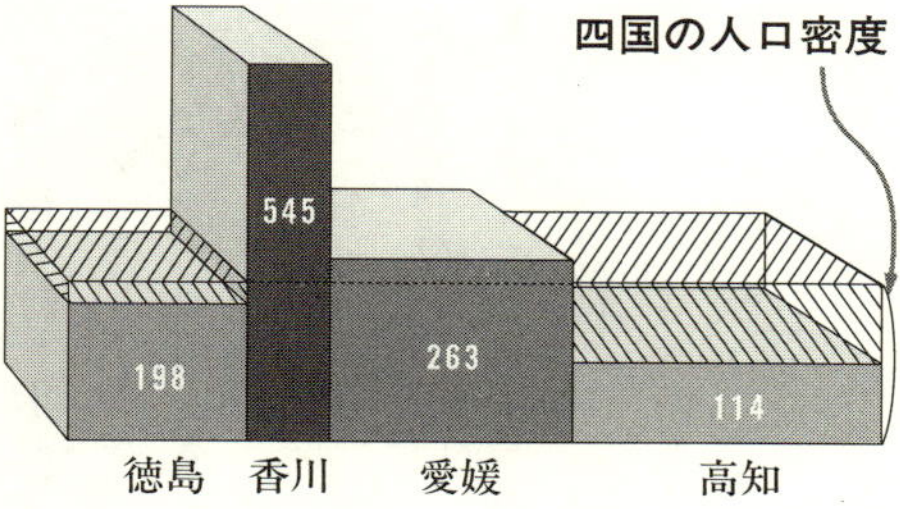

さまざまな分野に応用ができる

これまでずっと、人口密度を例にとって棒グラフの利用法を解説してきました。そこに出てきた、

$$\sum_{X\in A} F(X)\,\mu(X) \quad \cdots①$$

という数式は、各県での人口密度に面積を掛けて足し合わ

せ、日本の総人口を求める計算であり、直方体の体積を合計する計算と全く一致していました。このように人口密度と直方体の体積についてのイメージを作ってしまえば、他のいろいろな場面で活用することが可能となります。これは、非常に広い応用力をもった普遍的な計算式なのです。

そのことをわかっていただくために、複数の例をあげてみることにします。本当は立体棒グラフでお見せしたいのですが、紙面の節約上、単なる平面棒グラフで代用していくこととします。

まず、「経費計算」が一例です。身近な例として、「1ヵ月に必要な交通費」を考えることにします。あるサラリーマンのA氏は、普段利用する交通機関として、「会社までの電車w」「取引先までの電車x」「工場までのバスy」「役所までのバスz」があるとします。

図7

交通	料金
電車 w	200
電車 x	300
バス y	150
バス z	180

その一回の乗車料金が図7のようになっているとしましょう。このとき、$\mu(w)$を電車wの1ヵ月における利用回数のように取り決めれば、

$$\sum_{k\in 利用交通機関} F(k)\mu(k)$$
$$= 200\mu(w) + 300\mu(x) + 150\mu(y) + 180\mu(z)$$

によって、「A氏が1ヵ月に必要とする交通費の総額」を

計算できることになります。

もう一つの応用例は、非常に重要です。それは「確率」への応用です。

いま、1等が1000円、2等が600円、3等が200円の賞金をもらえるクジを考えることにしましょう。このとき、賞金額の棒グラフは図8のように描くことができます。

図8

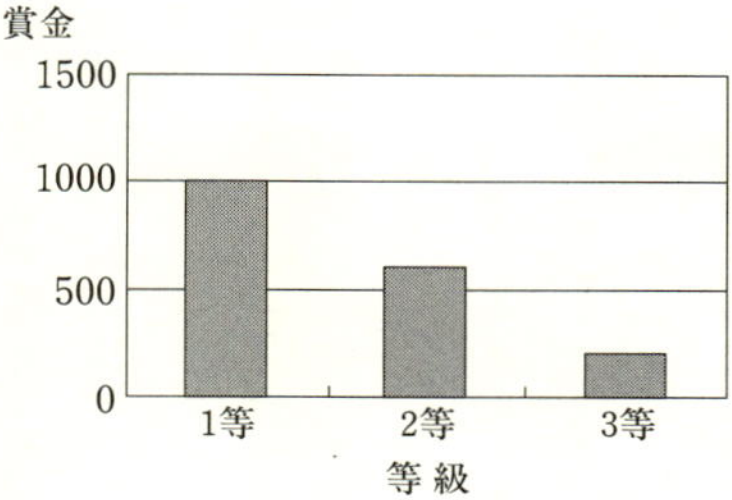

さて、このときμ(1等)などをどう設定したら適切でしょうか？ そうですね。もちろん、確率にするのが適切です。

μ(1等)、μ(2等)、μ(3等)をそれぞれ、1等、2等、3等の当たる確率としましょう。このとき、

$$\sum_{k\in 等級} F(k)\mu(k)$$
$$=1000\mu(1等)+600\mu(2等)+200\mu(3等)$$

は何を意味するでしょうか。これは、賞金に対してその当たる確率を掛けて合計しているので、「このクジを1回引くとき、平均的にいくら賞金がもらえるか」を表しています。確率においては、これを「**期待値**」と呼びます。どうして「平均」になるのかをご説明しましょう。

いま仮に、1等、2等、3等の当たる確率が、具体的にそれぞれ0.1、0.3、0.6の場合、これは10本のクジの中に1等が1本、2等が3本、3等が6本入っているクジだとみなすことができるでしょう。そうすると、このクジを実施する業者は、賞金として

$1000 \times 1 + 600 \times 3 + 200 \times 6 = 4000$円

を準備しておく必要があります。そうすると、このクジを引く人は1回平均として、

$4000 \div 10 = 400$円

の賞金が得られる、と想定することができますね。つまりこれが、確率的な平均値、「期待値」なのです。さっきの等式の両辺を10で割れば、

$1000 \times 0.1 + 600 \times 0.3 + 200 \times 0.6 = 400 =$ 期待値

となります。この左辺を見てください。これは、「［賞金額］×［確率］をすべての等級について合計した」計算になっています。これこそまさに、

$\sum_{k \in 等級} F(k)\mu(k)$

ということを意味しています。わたしたちが人口の集計をイメージしているこの式は、立体図形の体積でもあり、そして確率の期待値計算とも同一のものなのです。実は、この期待値は、本書の他の章でも使われる重要な計算なので、記憶に留めておいてくださいね。

棒グラフをイメージできれば、積分だってこわくない

それではいよいよ、冒頭に紹介した「筆者は②式を①式に置き換えて理解する」という、その読解術について解説することにしましょう。それこそまさに、**「積分とは何か」**ということを理解していただくことと同じになります。いま「積分」と聞いて、及び腰になっておられる読者の方もいらっしゃるかもしれませんが、大丈夫。ここまで読んできた読者であれば、必ずや「積分」を理解できるはずだからです。

ここでは、「文系」らしく地価を例に取ることにしましょう。

一昔前、日本がバブルの頃、地価があまりに高騰したので、「日本の土地をすべて売れば、アメリカが買える」などという冗談まで出るほどでした。そこで日本全土を地価評価するには、どんな計算をすればいいか、を考えることにしましょう。

土地を価格評価するには、複数の方法が知られていますが、ここでは最もリアルな実勢価格を使うことにしましょう。実勢価格というのは、ある土地が実際に不動産として売買されたときのその価格のことです。ただ、この価格を利用するのには難点があります。日本の土地の中で、一定期間に実際に売買されているものはごくわずかだからです。したがって、実勢価格を使って日本全土を価格評価するには、「実際に売買された土地の価格がその周辺の地域の地価を代表している」という仮定のもとで集計するしかありません。

いま、日本のn個の場所x_1、x_2、…x_nが実際に売買されたとし、その時の売買価格が1㎡あたりy_1万円、y_2万円、…y_n万円だったとしましょう。

次に、日本全土をn個の区域Z_1、Z_2、…Z_nに区切って、Z_1は場所x_1を、Z_2は場所x_2を、…、Z_nは場所x_nを含むようにしておきます。そして、それぞれの区域Z_kの1㎡あたりの地価を$F(Z_k)$と書き、面積をこれまでと同じく$\mu(Z_k)$と書くことにします。ここでF(＊)は、＊のところに区域を入れるとその区域の1㎡あたりの価格を計算してくれるような関数で、μ(＊)は＊のところに区域を入れると、その区域の面積を計算してくれる関数となっています。区域Z_k全体は実際の売買はされていないので、その地価は正確にはわかりません。だからここでは、区域Z_kに属し実際に売買された場所x_kの実勢価格「1㎡あたりy_k万円」を$F(Z_k)$だと見なしてしまうことにしましょう。つまりこれによって、日本全体をn個の区域に分割したZ_1、Z_2、…Z_nを横軸に持ち、その上にそれぞれ高さy_1万円、y_2万円、…y_n万円の棒を立てた棒グラフが出来上がったことになります（図9）。

図9

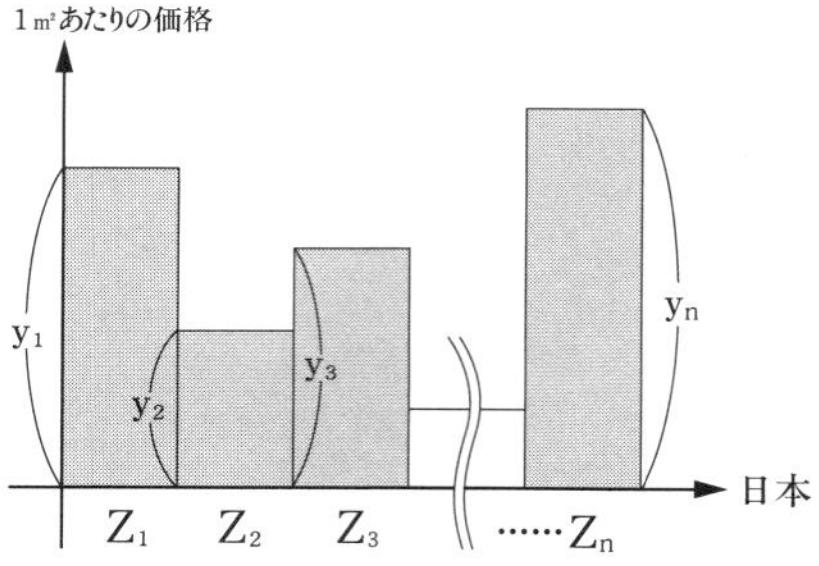

この棒グラフの面積を集計すれば、日本全土の価格はいままでと同じ計算によって、

$$\sum_{Z_k \in 日本全土} y_k \mu(Z_k) = \sum_{Z_k \in 日本全土} F(Z_k)\mu(Z_k) \quad \cdots③$$

と書けます。ここで、またまた①タイプの式の登場です。地価の計算にも、こんなふうに①式は利用できるわけですね。なんと幅広い応用力を備えていることでしょう。

さて、いまの③式ですが、これは日本全土の土地価格を近似的に計算したものにすぎません。なぜなら、各区域Z_kで実際に売買されて値がついたのは、その一部である土地x_kにすぎないからです。この区域には、これより地価が低いところもあれば高いところもあるでしょう。

では、もっと正確に日本全土の地価を出すにはどうしたらいいかを考えてみましょう。実際には不可能ですが、理論的にはこうすればいいのです。n個の区域Z_1、Z_2、…Z_nそれぞれを適当に2つずつに区切って、2n個の区域Z'_1、Z'_2、…、Z'_{2n}を作ります。そして、これらの地域Z'_kから適当に1ヵ所ずつ代表的な土地を選び出して架空の売買をします。そうしたときに取引でつくであろうZ'_kの価格を考え、それを1㎡あたり「$F'(Z'_k)$万円」と書くことにしましょう。このときの各区域の地価を集計したもの、

$$\sum_{Z'_k \in 日本全土} F'(Z'_k)\mu(Z'_k) \quad \cdots④$$

を日本全土の地価と見なすのです。ここでは棒グラフ自体が変わったので、すべてにダッ

シュをつけてあります。もちろん、これもまだ日本全土の地価の近似値にすぎませんが、さっきよりは少し正確になっているでしょう。なぜなら分割を細かくしているので、見積もりがやや実体に近づいていると考えられるからです。

次に、さらに区域をまたそれぞれ2分割し、2倍の4_n個の区域を作って同じ計算をしましょう。そうして計算した地価は

$$\sum_{Z''_k \in \text{日本全土}} F''(Z''_k)\,\mu(Z''_k) \quad \cdots⑤$$

となります。これは一段と日本全土の実体的な地価に近づいたでしょう。この作業を無限に行っていくと、③→④→⑤→…という列は、だんだん理想状態に近づいて行くことになります。つまり、日本全土の「本当の」地価に近づいて行く。その「理想状態」の数値を、以下のような式で書くのです。

$$\int_{X \in \text{日本全土}} f(x)\,\mu(dx) \quad \cdots⑥$$

記号の説明をします。まず∫は、「積分記号」といって「無限に細かい数値の無限個の集計」を表しています。Σ（ギリシャ文字のS）が、有限個の集計を表すのに対し、それを理想化して記号に丸みをつけたSを上下に伸ばした記号で表すわけです。次に{X∈日本全土}は、「日本全土を区域に区切る」としていたものが、無限に細かくしたのでもはや「区域」ではなくなり、「1点ずつ無限個の区域」になってしまったことを表す記号です。

関数f(x)は、これまで区域を代表する場所の地価をF(＊)やそれにダッシュをつけたものと書いていたものが、理想化されて、「その1点での1㎡あたりの地価」f(x)というふうに、新しい関数として表されています(無限に細かい棒グラフを表すのに大文字のFから小文字のfに変えましたが、これはスタンダードな記号法ではなく、本書独自のものです)。最後のμ(dx)ですが、これは各区域の面積を$\mu(Z_k)$と表していたものが、これまた理想化されて、「無限小の区域の面積」を表すμ(dx)に書き換えられたのです(dxというのは「無限小」を表す記号で、μ(dx)はスタンダードな記号です)。つまり、1点になるまで理想的に細かくなった土地について、それら各点での1㎡あたりの地価f(x)に無限小の面積μ(dx)を掛けて全部にわたって足し合わせた、そういう「理想計算」を表すのが⑥式だというわけです。

この⑥式が世の中で「積分」と呼ばれているのです。もっと詳しくいうなら、「**ルベーグ積分**」と呼ばれるものです。実は高校や大学初年級で教わる積分は「リーマン積分」というもので、それとは異なります。「ルベーグ積分」は大学学部レベル、あるいは大学院レベルにならないと教わりません。リーマン積分が十七世紀に発明され、十九世紀初めに完成されたものであるのに対して、ルベーグ積分は十九世紀末に発明され、二十世紀に完成したもので、非常に新しい考え方だといえます。しかし、筆者は、棒グラフを発展させたこの「ルベーグ積分」こそが、実用的にも、またとりわけ文系の方が学ぶものとしてふさわしいと思うので、あえて本書で取り上げた次第です。

以上をまとめると次のようになります。

日本全体の土地がいくらの価値を持っているか、いくらで売れるか、それを表すには、日本全土を理想的に1点ずつ評価した積分、

$$\int_{x \in 日本全土} f(x)\mu(dx) \quad \cdots⑥$$

これが、正確な地価となります。しかし、これは理想的なものでしかないのです。なぜなら、第一に「1点ずつの、無限小の土地の価格」など存在しないし、それを無限個足し合わせることなど実行不可能だからです。「理想」というのはえてして「使えない」ものです。そうではあっても、「本当の実体的な地価」といわれれば、⑥式で表現せざるを得ないのです。

それに対して、実行可能で具体性のある地価を知りたいのであれば、近似を使うしかありません。まず、無限個でなく有限個の区域で計算する必要があります。そうでないと実行不可能だからです。さらに、価格は実際に取り引きされた実勢価格をその地域を代表するものとして仮想的に使うしかありません。1点における価格 f(x) は理想化された「架空のもの」にすぎないからです。したがって、その計算は⑥式を棒グラフで近似した、

$$\sum_{Z_k \in 日本全土} F(Z_k)\mu(Z_k) \quad \cdots ③$$

で計算することになるわけです。

さて、いま説明したような「⑥を③で代用する作業」こそが、この章の冒頭で解説した「②式という積分を見たら、頭の中で①式のイメージに置き換える」という筆者の数式の読解術を具体例で説明したものとなっております。実際、ルベーグ積分、

図10

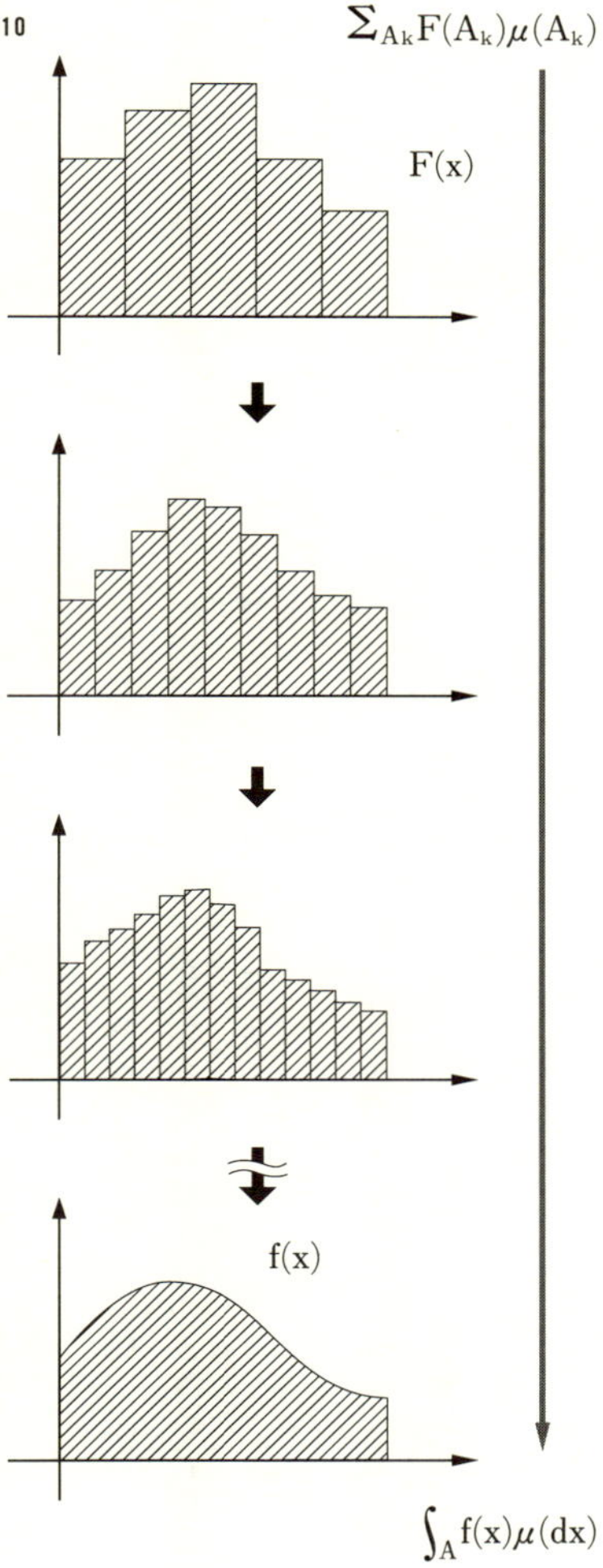

$$\int_A f(x)\mu(dx) \qquad \cdots⑦$$

は次のように定義されます。

「まず、関数 f(x) を棒グラフ F(＊) で近似せよ。但し、＊のところには横軸を区切った有限個の区域 A_1、A_2、…A_n が入る。次にこの棒グラフの面積を集計せよ。つまり、各棒の横幅×高さを計算して合計せよ。式で書けば次の通りである。

$$\sum_{A_k} F(A_k)\mu(A_k) \qquad \cdots⑧$$

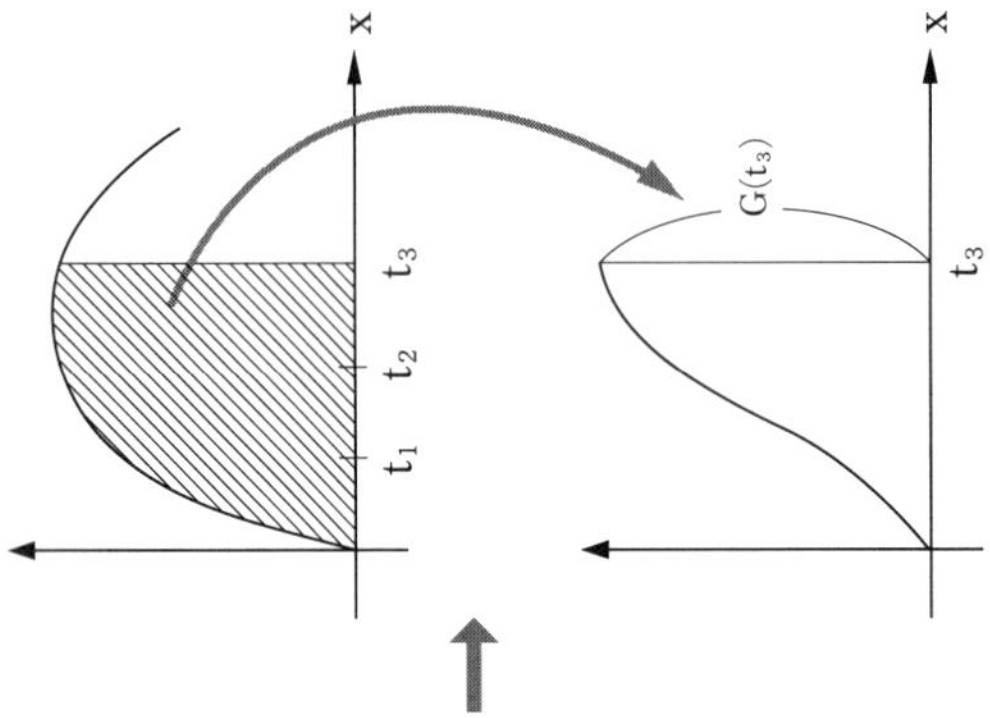

棒グラフをだんだん細かくしていって、f(x) のグラフに似せていったとき、上式⑧が近づいていく数値こそが⑦の積分である」（図10）

この図を見ていると、積分というのが「関数 f(x) と x 軸ではさまれる部分の面積」（図の斜線部）のことであるというのがハッキリとわかるでしょう。

図11

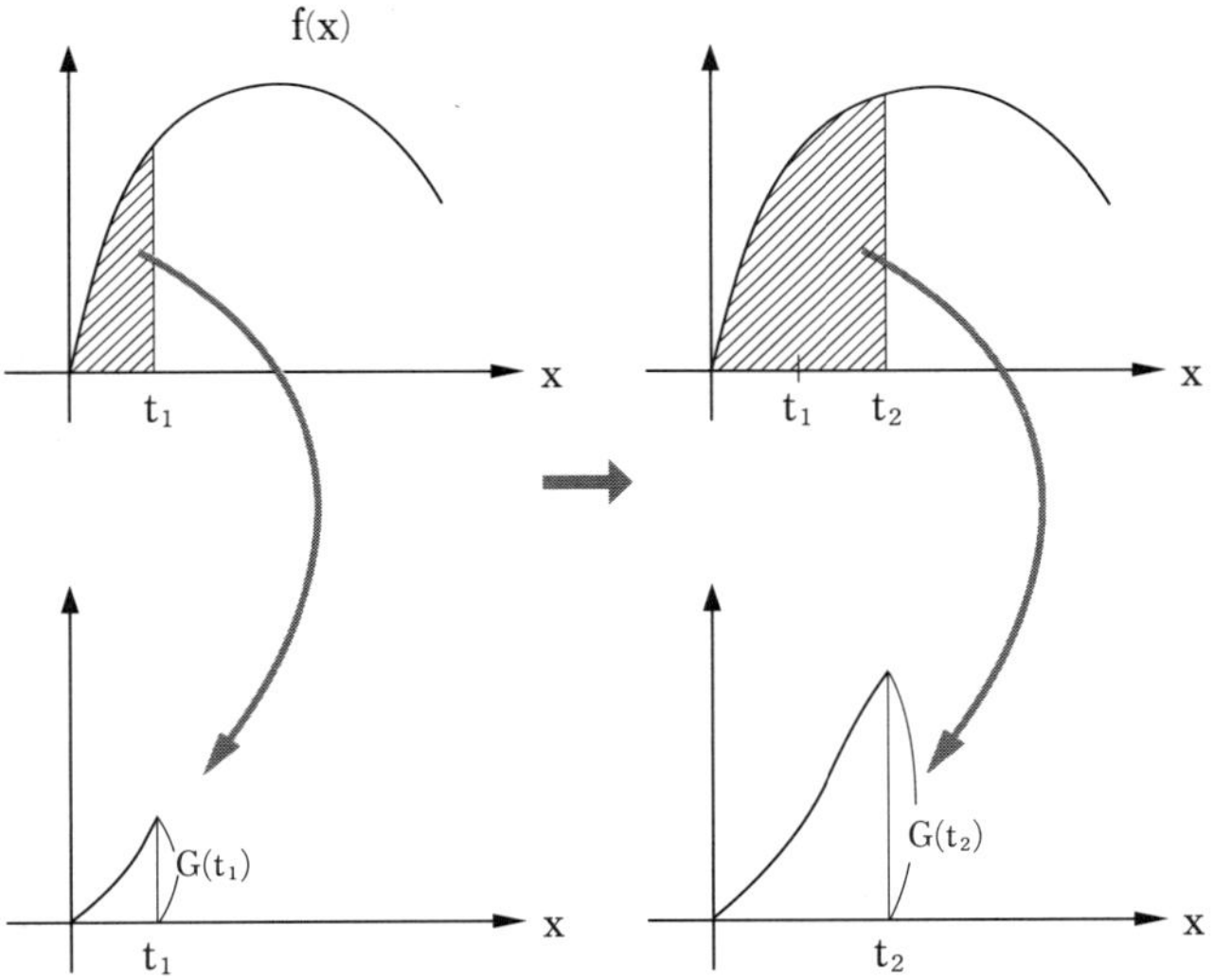

積分から微分へ

以上で積分の話はおおよそ終了しました。次なるは「**微分**」です。通常の教科書は、「微分」をやって、そのあと「積分」へと進みます。しかし本書の、ルベーグ積分から積分を理解する方法では、「積分のあとに微分」のほうが自然な手順となります。しかも、微分の理解のために通常教えられる「接線の傾き」という、非常に抽象的で超越的な概念を経由しなくてよいというご利《り》益《やく》があるのです。

「微分」を理解するために、まず、「積分から新しい関数が生み出される」ということを理解しなくてはなりません。図11を見てください。

f(x)のグラフにおける0以上t以下の部分がx軸とはさんで作る面積（但しx軸よりも下にグラフがある部分では面積にマイナスをつけたものととり決められます）をtにおける高さとして新しい関数G(t)を作るのです。このような方法でいつでもf(x)から関数G(t)を作ることができます。式で書くなら、

$$G(t)=\int_{0\leq x\leq t} f(x)\mu(dx)$$

図12

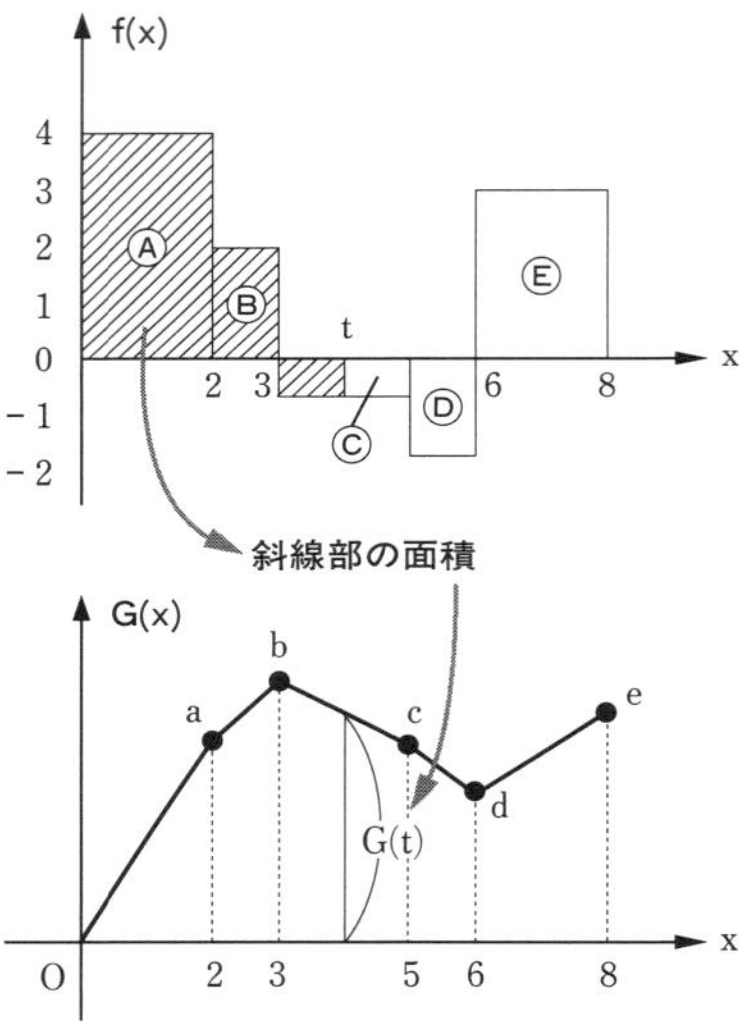

となります。イメージがわかない方もおられると思いますが、心配には及びません。いまから、例のごとくこれを棒グラフをイメージに戻す作業をしますので、とりあえず読み進んで下さい。連続的に変化する一般の関数でなく、階段のように変化する棒グラフで考えるとしましょう。すると、この「関数を生成する作業」は非常にわかりやすいものにな

ります。**図12**を見てください。

これは棒グラフを途中のtまでで区切って、そこまでの面積を集計し、その集計値をtの上に高さとして実現します。次に区切りの場所tを動かしてその集計値を関数に仕立てたもの、それがG(t)です。上図でx軸上のtまでの面積（斜線部）をG(t)と記し、tを動かしたときのG(t)の変化をグラフにしたものが、下図になっています。これは、同じ長方形（たとえばⒶ）の中でtを変化させているうちは、面積は一定割合f(x)（棒の高さ）で増えますから、直線を作っていきます（Ⓐのときは0a）。したがって、最終的には下図のように0a、ab、bc、cd、deという線分をつないだ折れ線グラフになります。つまり、**棒グラフについては、それを積分し生成する関数は「折れ線グラフ」**という簡単なグラフになる、ということがわかりました。

ここでちょっと脇道にそれて、この図を眺めてみましょう。面白いことがわかります。そうです。この折れ線グラフには最大点や最小点が存在し、見てわかる通り、最大点はb、最小点はdとなっています。しかも、最大点bは、棒グラフが正の高さから負の高さに移る（ⒷからⒸ）、その境目に対応しています。また、最小点dは棒グラフが負の高さから正の高さに移る（ⒹからⒺ）、その境目に対応しているのです。

理由は簡単です。正の高さを持っている棒グラフの中をtが動いていくときは、面積

G(t)はとうぜん増加していくはずです。しかし、tが負の高さを持つ棒グラフに入っていくと、加えられる数値＝縦×横＝f(＊)×μ(＊)は［面積にマイナスをつけたもの］となりますから、総面積は減少しはじめます。つまり、tが正の棒グラフから負の棒グラフに移動したとたん（Ⓑから©）、面積の集計値G(t)は増加から減少に転じ、この境目の点(b)で折れ線が最大点になります。最小点に関しても全く同様です。実はこのことが、後で、微分に関する非常に重要な法則として結実しますので、注目しておきましょう。では、先へ進みます。

いま、関数G(x)というものが与えられたとします。このとき、ある関数f(x)をうまく見つけて「区間$0 \leqq x \leqq t$でのf(x)の積分が、いつでもぴったりG(t)である」とできたとき、**f(x)をG(x)の「微分」**というのです。つまり、図11において、先に下のグラフG(x)が与えられたときに、それを面積から生成する上のグラフf(x)を見つけると、そのf(x)がG(x)の微分となるわけです。図12では、上の棒グラフが下の折れ線グラフの微分です。

これを、さっきの地価の例に応用すれば、日本の国土のあらゆる地域Aの地価G(A)が与えられたときに、それを算出するような「1点xごとの、無限小の、理想的地価」である関数f(x)を探すことにあたります。

図13

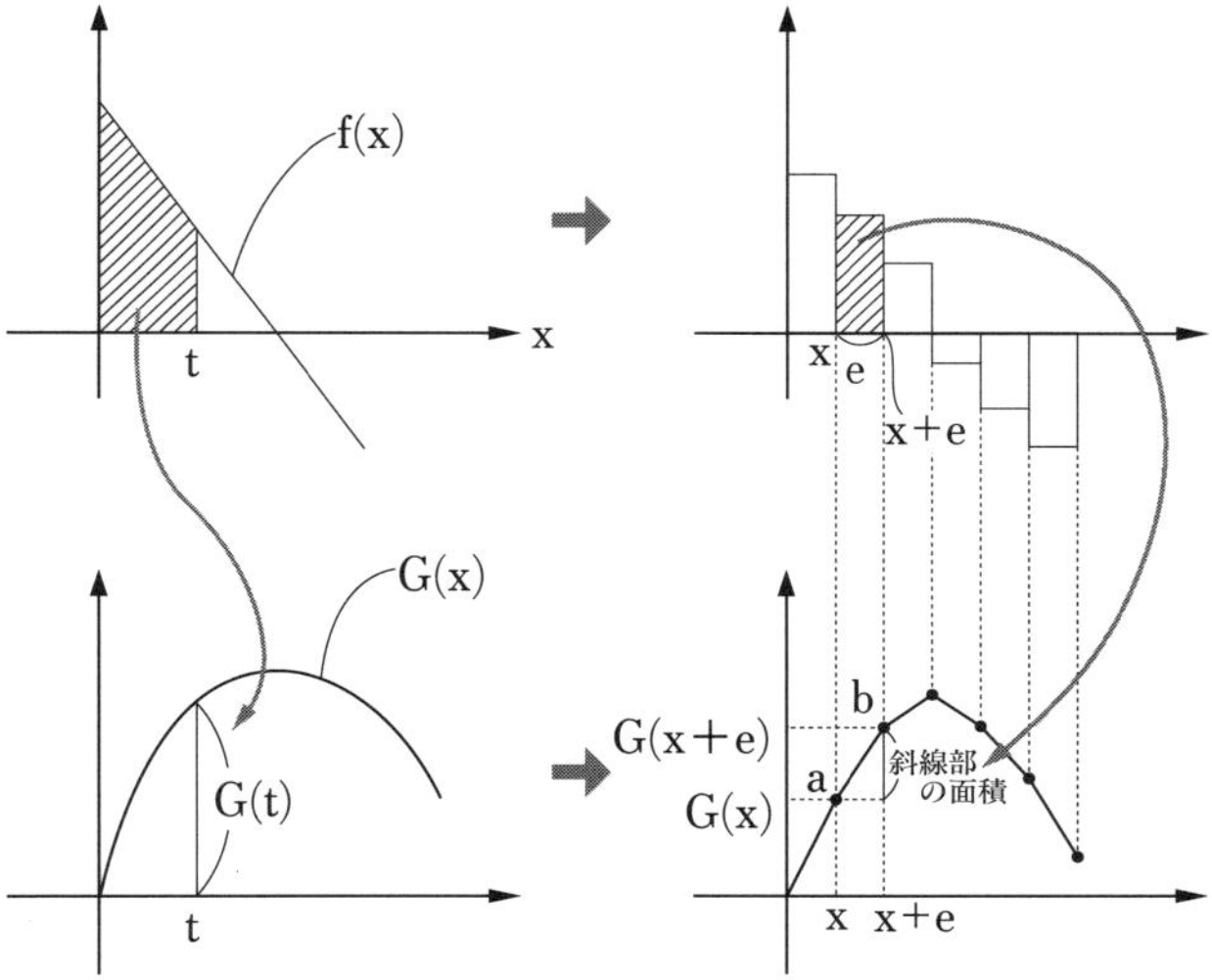

まだ雲をつかむような感じでしょうから、具体例をお見せしましょう。具体例は実際の2次関数を扱います。具体的な数式を読むのはわずらわしい、と思われる方は、飛ばすか斜め読みをするなどしても、後にはなんら支障はありません。

具体例で微分を理解しよう

具体的な2次関数

$$G(x) = -2x^2 + 12x$$

の微分を求めてみることにします。

G(x) のグラフは**図13**下左図のようになっています。だから、わたしたちが求めたい f(x) は、図13の上左図のようなものです。これは、

「0からtまでの範囲で$f(x)$の面積が高さ$G(t)$と一致する」ということが、どのtにおいても成立しているような、そういう関数$f(x)$を探すということです。どうすれば$f(x)$を知ることができるでしょうか。

そう、このままの連続的でなめらかなグラフでは考えにくいので、ごつごつとした階段状の棒グラフに戻して考えるのがうまい手です。つまり、冒頭でお話しした積分を棒グラフの集計に変更することなのです。$f(x)$を図13上右図のように棒グラフに直します。これを積分したものは、さきほど解説しましたように折れ線グラフになりますが、それが図13下右図となっています。棒グラフが$f(x)$を近似しているのだから、この折れ線グラフは$G(x)$を近似しているものになります。ここで、図の斜線をつけたxから$x+e$までの棒グラフ（長方形）の高さを求めてみましょう。

折れ線グラフの作り方から、上右図で斜線を引いた棒の面積が、下右図での点aと点bの高さの差となって現われることは明らかです。つまり、

$$[\text{斜線の棒の面積}] = G(x+e) - G(x)$$

です。ここで右辺を、2次関数に対して具体的に計算すれば、

$$[\text{斜線の棒の面積}] = \{-2(x+e)^2 + 12(x+e)\} - \{-2x^2 + 12x\}$$
$$= -4ex + 12e - 2e^2$$

となります。次に、斜線の棒（長方形）の「横の辺の長さ」は明らかにeですから、「棒の高さ」はeでこの面積を割ることで、

$$[\text{斜線の棒の高さ}] = (-4x + 12) + (-2e)$$

とわかります。

この計算をすべての棒で行うと、図14のような図が想定できるでしょう。これは、$-4x+12$という1次関数の描く直線にまつわりつくように棒が立っていて、それぞれの棒たちの高さは横幅のeに応じた（$-2e$）の分だけ直線からずれているのです。

図14

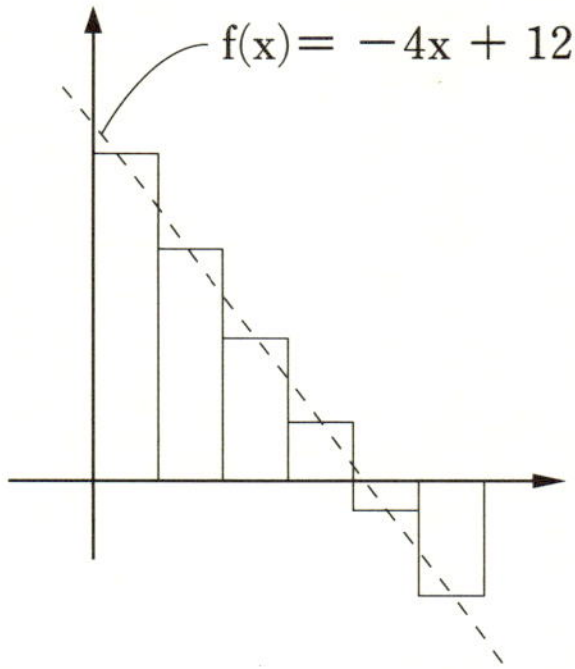

このことから、われわれの探している1次関数が$f(x)=-4x+12$だと見抜けます。その理由は以下の二つです。第一は、棒グラフを細かくしていくと、ズレである（$-2e$）はどんどん微小になりますから、棒グラフは$f(x)=-4x+12$のグラフに近づいていくこと。第二は、われわれが探している関数は、xだけに依存した関数で他の文字（ここではe）には関係しないことです。このようにして、われわれは探していた関数を、

$$f(x)=-4x+12$$

図15

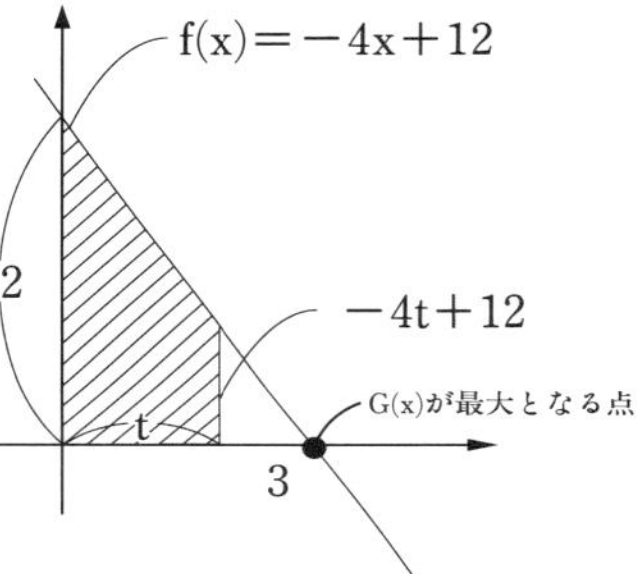

台形の面積＝[上底＋下底]×高さ÷2

だと知ることができました。

この関数が求めるものであることは、次のように確かめることもできます。**図15**からわかるように、G(t) は0からtまでにf(x)とx軸の挟む部分の図形の面積(積分)であることを説明しました。そこで、挟む部分の図形が台形であるのをいいことに、具体的に台形の面積を計算してみます。台形の面積が、(上底＋下底)×高さ÷2であることを思い出しましょう。すると図の斜線部の台形の面積は、$\{12+(-4t+12)\}\times t\div 2=-2t^2+12t$ となります。これは最初に与えたG(t)の2次関数の式とぴったり一致しています。つまり、$G(x)=-2x^2+12x$ の微分は、$f(x)=-4x+12$ であることが再確認されました。

これは逆にいえば、積分の式、

$$\int_{0\leqq x\leqq t}(-4x+12)\mu(dx)=-2t^2+12t$$

の成立を意味しています。

微分が求められることは、大変好都合です。なぜなら関数の極大や極小が求められるからです。図12の解説と図13の解説を合わせて読み直して下さい。棒グラフの高さが正から負へ切り替わる点で、折れ線グラフは極大値を取ります。したがって、2次関数G(x)の最大値（この2次関数では極大値が最大値となる）は、それを微分したf(x)が正から負に切り替わり、0を通過するxで最大を取るでしょう。つまり、1次関数f(x)＝−4x＋12の値が0になるxを求めるだけです。

これはx＝3となります。したがって、G(x)はx＝3で最大値を取るわけです。このことを一般的に述べると以下のような法則となります。

「G(x)を微分したものをf(x)とすると、f(x)が正から負に切り替わる瞬間の0となるxにおいて、G(x)は最大値を取る」

微分積分読解術

以上で、微分の解説も終わりました。棒グラフf(x)の0からtまでの部分の面積から作る折れ線グラフを表す関数をG(x)としましょう。このとき棒グラフf(x)を積分したものが、折れ線グラフG(x)です（これは前にもいいましたように、ルベーグ積分というものです）。また、折れ線グラフG(x)を微分したものが棒グラフf(x)です（専門的には、**ラドン＝ニコディム微分**といい、高校で教わる微分を拡張したものとなっています）。これを連続的でなめらかなグラフで行うことが一般の積分と微分との関係となります。連続的でなめらかなグラフで何が行われているかを頭の中でイメージ化するには、それを近似する棒グラフと折れ線グラフに変換して考えればいいのです。さらに手ごたえが欲しければ、人口密度のモデルでも、地価のモデルでも、はたまた確率期待値のモデルでも、自分が一番身近に感じるものに引き寄せて理解すればいいでしょう。

この微分積分読解術を身につけてしまえば、どんな数学書もこわくない、といっても過言ではありません。筆者も、この方法を体得してから、おおよその数理科学の本に頭がクラクラしなくなりました。読者のみなさんも、是非この魔法の読解術を試してみてください。

第1章　日常の論理と数学の論理

論理ブームたけなわ

二十一世紀初頭のこの不況の日本の世の中で、「論理」に関する本が売れていると聞きます。「論理トレーニング」だとか「論理思考」だとか銘打った本が続々出版されているようです。一九八〇年代のバブルの頃は、商品は作ればなんでもかんでもかたっぱしから売れたので、消費者を説得する必要もなかったし、会議で同僚や上司と激論をかわす必要もなく、「論理」のことなんて気にしてなかったんでしょう。しかし、不況になると、消費者を説得したり、同僚と議論したりしなければならない場面が増えます。そんな状況の中で、「論理的に話ができる人が非常に少ない」などとまことしやかに語られるようになってきたのかもしれません。

ところで、ここでいう「**論理的**」とはどういうことでしょうか。「論理的」はよく使われることばですが、このことばほど世の中でいいかげんに使われているものもないように思えます。「お前の話は論理的じゃない」などと相手をなじる人は、往々にして、自分の望む結論でない理屈に対してそう言いがちで、こういう人のほうこそ論理的でないことがままあります。

「論理」はアリストテレスの昔からずっと興味の対象でありましたが、数学が研究の対象としたのは、ごく最近のこと、十九世紀終わりぐらいからだといっていいでしょう。もちろん、ギリシャの昔から数学は「論理」によって表現されてきました。しかし、その「論理」は幾何や代数を研究する際の道具にすぎませんでした。**「論理」そのものを研究の対象にし、それがどんな固有の法則を備えているか**を分析しはじめたのは、比較的最近のことなのです。

数学の中で「論理」を扱う場合、それは「**数理論理**」と呼ばれます。数理論理は、実によくできた理論で、とても明快ですが、かといって日常にわたしたちが使っている論理とは、すこしズレが見られるのも事実です。ここで、「数理論理」と「日常論理」が、完全に一致するか、完全に相容《あいい》れないものか、そのどちらかだったらわかりやすいのですが、困ったことに、似ている部分と異なる部分が渾然《こんぜん》一体となっているのです。だから、高校の数学で論理を学ぶとき、多くの学生は首をひねり、また逆に、数学に長《た》けた人が日常会話に数理論理を持ち込もうとすると、どうも話がかみあわない、という憂き目をみます。

この章では、このような、数理論理と日常論理の距離感について、できるだけわかりやすく解説していきたいと思います。

ハイジャック事件と論理学者

論理学で基本となるのは、四つの論理演算子、「かつ」、「または」、「ならば」、「でない」です。この四つは、普段からよく使うフレーズなので、多くの方はおおよそ正しくこれらを用いていらっしゃることと思います。ところが、これら四つは独立した演算子ではなく相互に関連性を持っている、ということは、普段あまり意識していないのではないかと思います。このことに関して、日本のある論理学者の書いた論理学の教科書に、ちょっと面白いエピソードが載っていたので紹介してみましょう。

この論理学者が、ハイジャックのニュースをテレビで見ていたときのことです（実話です。たぶん「よど号事件」だと思うのですが、本を紛失したため、記憶を頼りに書いているので確信はありません）。正体不明のハイジャック犯の第一声が伝えられたとたん、それが英語で語られたものであるにもかかわらず、この論理学者は「犯人は日本人だな」と直感したというのです。どうしてそう思ったのか、それがいかにも論理学者っぽくて面白い。

ニュースで伝えられた犯人の第一声は、「If you move, you shall die（もし、動けば、あなたは死ぬことになるだろう）」でした。これを聞いた論理学者は、一抹の違和感を持ったのです。普通、英語の日常会話ではこんな言い回しはしないからです。英語を母国語とする者が犯人だったらきっと、「Don't move, or you shall die（動くな、さもないと殺すぞ）」

と言うに違いない、論理学者はそう考えました。実際、「If you move, you shall die」を「Don't move, or you shall die」に書き換えるのは、大学入試の英語の問題としては頻出です。緊迫したハイジャックの犯行の中では、「動くな」ととりあえず命令しておいて、「さもないと」という形で理由を接続するのが自然です。そこを悠長に「もしも～したら」などといっているのは、相当質の悪い英語教育を受けた犯人に違いない。そして、そんな劣悪な英語教育がはびこっている国は、世界中にたった一つ、日本しかないだろう。そう論理学者は推理したわけです。恐るべきかな、その推理はどんぴしゃ当たる結末になったのでした。犯人は確かに日本人だったのです。

このエピソードで注目していただきたいことは、「もしも文（If文）」と「または文（or文）」は、形は違っていても、同内容を表している、というその文法構造です。実はこの「If文」というのが曲者なのです。わたしたちは、非常に頻繁に「If文」、つまり「A　ならば　B」という形式の文を使います。にもかかわらず、「その意味は？」と改めて問われると、多くの人は説明に窮するに違いありません。

If文の構造

数理論理において、「A　ならば　B」（文aとする）は、「Aであるとき、必ずBである」

ということを意味します。たとえば「(xが5の倍数)ならば(xの末尾は5または0)」のような使い方です。この文の意味は、「5の倍数を持ってくれば、かならずその末尾を見ると5または0になっているよ」ということを表しているので、この文は「正しい文」であることがわかります（このとき専門的には、「この文は真である」と表現する）。またたとえば「(xが奇数)ならば(xは素数)」という文は、「奇数を持ってきなさい、それは必ず素数になっています」ということを表す文章なので、「正しくない文」です（このとき専門的には、「この文は偽である」と表現する）。9という奇数を持ってきても、それは素数ではないからです。

「Aであるとき、必ずBである」（文a）ということを意味が変わらないように言い換えれば、「AでありながらBでない、ということは決してない」（文bとする）となります。簡略に書けば、「(A かつ (Bでない)) ことはない」となります。これをもう一段書き換えたのが、「AでないかまたはBであるか、そのいずれかである」（文cとする）という文なのです。数理論理では、この三つの文a、b、cは同内容の文であると決まっています。同内容というのは、たとえ見た目の表現が異なっていても、**「AのところBのところにどんな文を当てはめても、できた文が真であるか偽であるかはこの三つについていつも一致している」**、ということです。

試しに、Aのところに「あなたが動く」という文を、Bのところに「あなたは死ぬ」という文を、それぞれ当てはめてみましょう。

（文a）→「（あなたが動く）　ならば　（あなたは死ぬ）」

（文b）→「｛（あなたが動く）かつ（あなたが死なない）｝ということは決してない」

（文c）→「（あなたが動かない）　または　（あなたは死ぬ）、そのいずれかである」

この三つの文章はすべて同じ真偽を持っているのです。つまり、一つが正しいならみんな正しい、ということです。ここで、文aがハイジャック犯のことばで、最後の文cを命令形で述べたものが論理学者の言い換えです。

「かつ」「または」「でない」「もし〜ならば……」の文法が基本

文a、b、cがどうして同内容になるのか、それを確かめるには四つの論理演算子And, Or, Not, If〜then……の真偽に関する取り決めを知る必要があります。初めての人は頭がくらくらするかもしれませんが、がんばって読みつないでください。

まず、「正しい」ことを表す「真」という状態を数字「1」に対応させます。また「正しくない」ことを表す「偽」という状態を数字「0」に対応させます（標準的な教科書では、真をTrueの「T」に、偽をFalseの「F」に対応させるのが一般的ですが、ここではあとの都合から、「1」、「0」のほうを採用しました）。

図1　A かつ B

A＼B	1	0
1	1	0
0	0	0

図2　A または B

A＼B	1	0
1	1	1
0	1	0

まず、「And(かつ)」ですが、「A かつ B」という文は、AとBがともに真のときに限って真になり、他では偽と決まっています。それを表したのが図1です。

たとえば、「わたしは(高学歴 かつ 高収入)の人と結婚する」という場合は、この人が「高学歴」が真で「高収入」も真である配偶者を得た場合のみ、この文は真となるのです。

次に「Or(または)」ですが、この真偽表は図2となります。表を見ていると気づくのが、この「または」の真偽が日常と若干違うニュアンスを持っている、という点です。「A または B」という文は、AとBのどちらか一方が真の場合だけでなく両方とも真のときでも真になります。たとえば、日常表現で「彼女が着ていた服は赤または青だった」というとき、「両方」という可能性は排除されています。このように「または」は「両方とも真」の場合を排除していることが日常表現ではままありますが、数理論理では図2のようにAとBが「両方とも真」の場合にも「A または B」は正しい文(真)となるわけです。もちろん日常表

図3　Aでない

A	1	0
Aでない	0	1

図4　A ならば B

A＼B	1	0
1	1	0
0	1	1

現でも、「あたしは（高学歴　または　高収入）の人と結婚する」という場合には、この表現は「高学歴」と「高収入」両方そろっていればなおさら良い、というニュアンスを持っていますから、この場合は数理論理と一致していることになりますね。

「Not(でない)」は簡単です。「Aでない」の真偽は、Aの真偽と逆になり、図3となります。

問題は、「If～then……(もし～ならば……)」です。「A　ならば　B」の真偽表は図4のようになります。

表を見ればおわかりいただけるように、「A　ならば　B」という文は、「Aが真であって、Bが偽である」ときに限って偽になり、あとは真になると取り決められているのです。

たとえば、「(xさんは私の配偶者となる人) ならば (xさんは高収入) である」という文章があったとします。これは、(xさんが私の配偶者なのに高収入でない) ときに限って偽となり、それ以外は真となります。実は、この数理論理の「ならば」に関する取り決めは、日常論理とのいくぶんかの食い違いを持っています。その齟齬《そご》については、後で詳しく分析することにして、ここではさきほどの文a、b、cが同内容であること（48ページ）、つまり真偽が一致することを確かめておくだけにしましょう。

まず、文bの「（A　かつ（Bでない））でない」ですが、この真偽表は次のような手順で作ることができます。

〔手順①〕（「A　かつ　B」の表を持ってくる）

図5－1

A　かつ　B

A＼B	1	0
1	1	0
0	0	0

〔手順②〕（「A　かつ　B」のBを（Bでない）に入れ替える。図5－1で左右の列を入れ替えればいい）

図5－2
A　かつ（Bでない）

B＼A	1	0
1	0	1
0	0	0

〔手順③〕（全体に「でない」をつける。図5－2の0と1をすべて逆にすればいい）

図5－3
（A　かつ（Bでない））でない

B＼A	1	0
1	1	0
0	1	1

図5－3を見ると、これが文a「A　ならば　B」の真偽表（図4）とまったく一致し

ていることが見て取れるはずです。これで文bが文aと同内容であることが確かめられました。

次に文c「(Aでないか)またはB」について同じことをしましょう。それが図6－1、6－2です。

〔手順①〕(「A　または　B」の表を持ってくる)

図6－1
A　または　B

A＼B	1	0
1	1	1
0	1	0

〔手順②〕(「A　または　B」のAを(Aでない)に置き換える。Aの0と1が入れ替わるので、図6－1の上下の行を入れ替えればいい)

図6－2
（Aでない） または　B

B＼A	1	0
1	1	0
0	1	1

図6－2は、確かに文a「A　ならば　B」の表（図4）とまったく一致しています。これで文cが文aと同内容を表していることが確認されました。

「構造改革なくして景気回復なし」の論理学

前項では、ハイジャック犯のことばの英文法的な言い換えを、数理論理を使ってサポートしました。このように、数理論理は日常論理を考えるときに役立つことは確かなのですが、その一方、この二つの論理の間には多少ニュアンスの違いがあることがわかっています。

たとえば、さきほどの図3からわかるように、数理論理では二重否定「（Aでない）でない」は、内容的に元の文「A」と同じです。一方、日常論理では二重否定は元の文とは少し違う意味を備えていることが一般的です。たとえば、「君のことを好きじゃないわけじゃない」と言われて、「そうかわたしのことを好きなのか」と単純に喜ぶ人はあまりいないでしょう。二重否定は元の文よりもかなり消極的な表現になることは誰でも知っています。このような数理論理と日常論理とのニュアンスの違いがもっとも劇的な形で現われるのが、さきほど予告しておいたように、「ならば」に関する規則なのです。

「A　ならば　B」という文は、図4で取り決められているように、Aが偽であるなら、Bの真偽とは関係なく、いつでも正しい文になっています。たとえば、「(1が偶数) ならば (双子素数は無数に存在する)」という文章は、(1が偶数) が偽であるので正しい文章になります。ここで双子素数というのは、3と5とか17と19とか41と43のように2だけ離れた素数のペアのことで、無数にあるのか有限組しかないのかは、数学者たちが数百年も考えてきている問題にもかかわらず、現時点ではまだ結論の出ていない未解決問題です(これを解決できたら、数学史に名前を刻めるでしょう)。これに対して、「(1が偶数) ならば (双子素数は無数に存在する)」は、考えるまでもなく「正しい」のです。これは、わたしたちに違和感を与えることです。

数学だとイメージしにくい方のために、次のような例を挙げておきましょう。「死後の世界が存在する」かどうかは肯定も否定もできないたぐいの問題ですが、「(地球が太陽系にない)ならば(死後の世界は存在する)」は正しい文章になります。「地球が太陽系にない」という文が偽だからです。これは確かに、日常の言語感覚では、奇妙な印象を与えられる結論ですね。これらの例からわかるように、日常の表現における「ならば」と数理論理の「ならば」にズレがあるのです。

このことをもっと明確にするために、小泉総理大臣の有名な政策スローガン「構造改革なくして景気回復なし」をとりあげてみましょう。これは一九九〇年代から始まり二〇〇〇年代に入って深刻化した日本の景気を回復させるために、小泉内閣が打ち出した政策を端的に言い表したものです。これを「(構造改革をしない)ならば(景気回復はしない)」というきちんとした文に書き換えれば、「AならばB」の文法を備えた文だということがはっきりします。

さて、ここで仮に、「構造改革をしたけれど、やはり景気回復はしなかった」という結果に終わった、としてみましょう(あくまでこれは喩《たと》えとして利用しているだけなので、現実の政策の結果について談義するのではないことをお断りしておきます)。このとき、もとの文「(構造改革をしない)ならば(景気回復はしない)」の真偽はどうなるのでしょうか。「構造改革をした」というのが現実なのだから、「AならばB」のAが偽であったことを意味します。

この場合、解説したように、「AならばB」のBにあたる「景気回復はしない」が真であろうが偽であろうが、もとの「AならばB」という推論は必ず真になってしまうのです。それが数理論理の取り決めなのだから仕方ありません。だから、「構造改革なくして景気回復なし」と小泉総理が発言し、構造改革を実行に移した場合は、結果のいかんにかかわらず、この発言は正しかったことになってしまいます。選挙公約違反にはならないわけです。もしこうなら、一時流行語にまでなった「マニフェスト」とやらは簡単なことだ、ってことになりますね(口八丁の小泉総理なら、「数学的には正しかった」と国会答弁しかねないので笑い事ではありませんけど)。それはともかく、読者の皆さんは、この理屈はなんか変だ、と感じられることでしょう。

どうしてこれをおかしいと思うのでしょうか。それは、「構造改革なくして景気回復なし」という文が、「AならばB」、A、Bの三つの論理文たちの真偽の関係、すなわち図4の関係を意味しているだけではなく、AとBの「**因果関係**」をも示唆する文だと感じるからにほかなりません。「構造改革なくして景気回復なし」というスローガンを聞けば、誰もが、不況の原因は産業構造問題にある、という表明だと思うことでしょう。そして、構造改革を実行したのにもかかわらず、景気が回復しなかったのなら、もとの「産業構造↓原因、不況↓結果」という見方が根本的に誤りだった、そう感じてあたりまえです。つまりこの場合、「構造改革なくして景気回復なし」という文章は偽だとするのが日常論理なのです。

このことは、「(地球が太陽系にない) ならば (死後の世界は存在する)」が真であることに感じる違和感とも相通じています。この文を読むと、あたかも「太陽系でない系」には「死後の世界が存在している」かのような、そんな印象を受けるでしょう。これは言うまでもなく、**「AならばB」という文が、わたしたちになんらかの「AとBの因果関係」を感じさせる**からにほかなりません。

「推論規則」としての論理のほうがずっと大切

このような日常論理と数理論理の食い違いは、たぶん、真偽を主役にして論理を扱うことから生じるのだと思います。人間が論理を扱うときに、その文が「正しい」のか「正しくない」のかは、あまり意識することはありません。というより、文の真偽というのは、明瞭でないのが一般的な状況で、だから考えたり話しあったりするのであって、真偽がわかっていることについては、とりたてて興味がないはずです。数学においてはとりわけそうです。数学は常に、真偽のわからない命題を調べ、挑み、そしてその真偽をつきとめるのを仕事としています。だから、真偽のわかっている命題の論理的なつながりなどにはほとんど興味がないでしょう。真偽表を使って論理を展開するのは、人間の思考法からほど遠く、しかも日常的推論はおろか、数学にさえ有益な情報をもたらしてくれないのです。

そんなわけで、わたしたちが着目すべきなのは「推論」というものです。つまり、「**論理というのは推論をつなげていくための手続きなのだ**」という見方をすることが大切なのです。数学の証明においては言うまでもなく、日常の議論においても、「まず、Pだろ、だとすると、Qになるじゃないか、とすればRのはずでしょ……」という具合に、「推論をつないでいく」のが普通です。このような行為こそをわたしたちは通常、「論理」だとイメージしているのではないでしょうか。

以上のような視点から「論理」というものを見直すとき、最も重要になるものこそほかでもない「If文」、すなわち「ならば」なのです。「ならば」は、「真偽表」でとらえると、人間の感覚と齟齬をもたらす論理演算子なのですが、逆に「推論」の立場から見れば論理の最も重要なカギとなるものです。

推論の中では「A　ならば　B」というのは、「AからBを導いていい」ということを意味します。つまり、**自分の展開している議論に「A」と「A　ならば　B」が登場したら、「B」をそこにつなげていい**、そういうことが手順として認められている、ということなのです。それが「ならば」の持つ推論規則です。

このことを、前に出した例「(xさんは私の配偶者となる人)ならば(xさんは高収入)である」を利用して説明しましょう。いま、ある人が自分の結婚観を披露しているとします。この人はまず、「わたしの配偶者になる人ならば、高収入の人でなくちゃ」と言います。次に「ところでわたしはAさんと結婚しました」とつなぎます。そして「だからAさんは高収入の人なのですよ」と展開させました。このとき、これは全くもって正しい「ならば」の使い方ということになります。つまり、この話のつなぎ方は、推論方法として正しいのです。ここで重要なのは、この人の話していることの真偽はどうでもいいのです。本当のことを言っていようが、見栄をはって嘘をついていようが、それはこの人の議論展開の正当性とは当座関係ないのです。言っていることのおのおのが嘘であろうが、推論の「ならば」の用法としては正しかったわけです。個々の文の真偽とは無関係に、「ならば」という論理演算子に「推論」として許される操作を規定するもの、それが「推論規則」なのです。

人の話が「論理的」であるかどうかは、その人の取り上げる個々の文の真偽とは関係させるべきではありません。そもそも文の真偽というのは、聞く人の主義主張、宗教、嗜好、感性によってまちまちになります。一方、論理的な議論展開であるかどうかということは、そういった主義主張や思想信条とは独立に決まってくるものであるべきでしょう。

だとすれば、「論理」というものを理解するとき、個々の文の真偽とは独立な「推論をつなぐ規則」だとしたほうが、ずっと有益なわけです。

以上の観点から、「(構造改革をしない) ならば (景気回復はしない)」という論理文をもう一度眺め直してみましょう。これは、「(構造改革をしない)」という文が与えられれば、この文を組み合わせることによって、(景気回復はしない) という文をつなげられることを意味するにすぎません。とりわけ、この文と「構造改革をした」という文からは何もつなげることはできません。このような見方をすれば、内容の真偽とは独立にこの論理を受け取ることができますから、真偽の観点から扱っていたときに生じたおかしさはかなり薄らぐのではないでしょうか。

セマンティックスとシンタックス

以上のように、論理を扱う立場は二つあります。一つは、論理文を構成する個々の文の真偽に立ち入って考える立場で、「セマンティックス (semantics)」と呼ばれます。それに反して、文の内容や真偽と無関係に、形式的な推論の仕方だけに注目する立場を「シンタックス (syntax)」といいます。

いままでお話ししましたように、わたしたちが科学を研究したり、社会のあり方についいて議論したり、日常会話の中で自分の意見を述べたりするときに重要なのは、シンタックスのほうです。ものごとの真偽というのは、わからないことのほうが多いし、わからないからこそ議論するわけだし、さらには主義主張や思想信条や生活観によって意見が分かれていたりするからです。世の中でよく、相手の話している内容が、自分の主義主張と合わないことを理由に、「君の議論は論理的じゃない」などと相手を非難する人がいますが、このような人は、セマンティックな立場に、つまり個々の真偽にこだわるあまり、相手の推論の正しさまでをも否定してしまう混乱状態に陥っているのです。こういう人はシンタックスな立場をきちんと勉強しなければいけないでしょう。

日本に、論理を理解できていない人が多い原因の一つは、数学教育にあると筆者は思っています。現在、数学教育に携わっているほとんどの教員は、就学時代にセマンティックな論理教育を受けたはずです。かくいう筆者もその一人でした。だからほとんどの教員は、論理といえば真偽表だと思い込んでいるのです。実際、日本の論理教育の原点とされていたのは、十九世紀末のフレーゲに始まり二十世紀初めにラッセルとホワイトヘッドによって完成されたセマンティックな論理学だったのだと推測されますが、これは十九世紀の古い論理学観に立脚したものでした。二十世紀に入ってから、シンタックスの立場からの論理の研究が著しく進みました。にもかかわらず、それから百年近くたった今もそれを教育に取り込めていないのは、数学教育界の不勉強として非難されても仕方ないことだと思います。古い論理観を持った教員が、古いセマンティックな論理教育をする限り、同じような論理観の人々が再生産されるのは当然のことです。しかし、「論理的な話し方」というものを「正しいこと（自分にとっての正義）を話すこと」だと誤解している限り、主義の異なる人間と論理的な会話をかわすことはできないでしょう。

「証明できること」と「正しいこと」の距離感

推論規則としての「ならば」が、「Aと（AならばB）からBを導いていい」という役割の論理演算子であることを解説しました。実はこれとあと三つの約束事（たとえばその一つは「Aならば（BならばA）」）を決めれば、通常の数理論理はまるまる展開できることがわかっています。すなわち、数学のいわゆる「証明」と呼ばれる手続きは、「ならば」の推論規則を使って文をつないでいく作業だと理解しておおよそいいわけです。つまり「**ならば**」**こそが数学の論理の黒幕だ**ということです。

「ならば」の推論規則は、論理演算子の使い方として許されるものを規定したものであり、接続される個々の文の真偽とは独立に決められているものでした。となれば、やはり知りたくなるのは、これらの「推論規則によって証明される文」と「文の真偽」とがどういう関係で結ばれているか、ということです。

　このことについての偉大な発見がなされているのですが、それを理解するためには、恒真文（トートロジー）というものを理解する必要がありますので、解説しておきましょう。**恒真文とは、「その文を論理演算子によって構成している個々の文の真偽がどんな組み合わせであっても常に真となる文」**のことをいいます。

　たとえば、「AならばA」や「Aまたは（Aでない）」という文は、Aが真であっても偽であっても必ず真になるので、恒真文です。また、さっき述べた（「Aならば（BならばA）」等の）三つの約束事も恒真文に含まれます。もうちょっと複雑なものでは、「（AかつB）ならば（AまたはC）」なども恒真文です。実際、AとBの一方が偽の場合には（AかつB）は偽となり、（AかつB）が偽の場合は「（AかつB）ならば（AまたはC）」は必ず真です。また、AとBが両方真の場合は、（AかつB）も（AまたはC）も真ですから、「（AかつB）ならば（AまたはC）」はやはり真になります。つまり、A、B、Cがどんな真偽の組み合わせを持ったとしても「（AかつB）ならば（AまたはC）」はいつも真となるので恒真文だというわけです。

　さて、「文が証明できるかどうか」と「文が正しいかどうか」との関係について最初にわかったのは、**「証明できる文は、必ず恒真文である」**ということでした。つまり、数学においては「証明」というのは常に「真理」を導いているとわかったわけです。まあ、もしこうでなくて、証明できたことが正しかったり正しくなかったりするのであったら、数学なんかとっくの昔に役立たずとして歴史から抹殺されていたことでしょう（そのほうが学校はより楽しい場所だっただろうという見方もありますが）。

どうして「証明できる文は必ず恒真文」なのか。このことをおおざっぱに解説すると以下のようになります。まず「Aが恒真文で、（AならばB）も恒真文のとき、Bも恒真文になる」ということが簡単に示せます。なぜなら文Bが偽になるような真偽の割り振り方があったとしたら、文Aは恒真ですから、その割り振り方においても真、しかしAが真でBが偽だと、（AならばB）は偽になってしまい、（AならばB）が恒真である、という仮定に矛盾してしまいます。そういうわけですから、「Aが恒真文で、（AならばB）も恒真文のとき、Bも恒真文になる」となるのです。

他方、証明というのは、いくつかの「公理」（これは代数なら代数、幾何なら幾何を展開するための暗黙の前提です）から、「ならば」を使って文をつないでいく作業です。ところで、公理は恒真文なので、「証明」されたことは、いつも恒真文であることは当然の帰結です。

ちょっと頭がこんがらかったかもしれませんが、実はここまでは序の口で、すごいのはこれからです。この「証明できる文は必ず恒真文」ということの逆が、二十世紀になって示されたのです。クルト・ゲーデルという天才が、「**数理論理に属する文の範囲では、恒真文はかならず推論規則によって証明できる**」ということを明らかにしました。これを「**完全性定理**」といいます。

これはめちゃめちゃすごい定理です。どうしてかというと、恒真文には非常に複雑なものがあります。たとえば「(AならばB)ならば((Aでない)ならばB)ならばB)」のような文も、日常では決して使われないわけのわからん文ではありますが、恒真文となっています。このことは、AとBへの「1」、「0」の割り当て方四通りおのおのについて、この文の真偽を調べ、どの組み合わせについてもすべて「1」となることをチェックすれば確認することができます。このように恒真文だと確認された文は、かならず推論規則によって証明を書くことができる、そういうことが、「**実際にやってみなくてもわかる**」というのです。

ゲーデルの「完全性定理」の証明は、非常に難しいので本書では紹介できませんが、この定理は数学者を驚かせました。しかし、ゲーデルの偉業はこれだけではありません。まだ続くのです。

さきほど「完全性定理」を「数理論理に属する文の範囲では、恒真文はかならず推論規則によって証明できる」と紹介しました。この「数理論理に属する文の範囲では」というさりげない条件が、実はとても大切なのです。なぜなら、扱う文が「数理論理に属する文」の範囲から逸脱すると、この定理が成り立たなくなるからです。このことをゲーデルはつきとめました。もうちょっと詳しくいうと、**「自然数論を含む公理系の文では、正しいにもかかわらず証明できないものが存在する」**ということを示したのです。これを**「不完全性定理」**といいます。幾何も代数も微分積分もおおよその数学は、「自然数論を含む公理系」にあたります。すなわち、「かつ」「または」「でない」「ならば」を組み合わせた文だけを含む世界では、「正しいこと」と「証明できること」は一致していた（完全性定理）のに、「1、2、3、…」「次の数」「より大きい」「足し算」「掛け算」「引き算」といった概念を含むような世界に行くと、「正しいこと」のほうが「証明できること」よりずっと多いことがわかったわけです。つまり、こういう数学世界では、すべての「正しいこと」を証明という手続きで確認することが不可能なのです。

数学者たちは、自分たちが解決しようとしている問題（たとえば56ページの双子素数の問題のような）が、証明という手続きで真偽をはっきりさせられるかどうかの保証がないわけです。もしかしたら、「証明不可能」である定理を証明しようとする不毛な作業をしているのではないか、そういう不安を抱き続けるしかないのです。このことを明らかにしたゲーデルの「不完全性定理」は、二十世紀の誇る大発見の一つと称《たた》えられています。

以上でセマンティックな世界（真偽で考える世界）とシンタックスの世界（推論をつないでいく世界）は、数理論理においては一致してしまうが、もっと豊かに素材を持った世界では、一般に後者のほうが狭いということが解明されたわけです。

論理の代数

再びセマンティックスに話題をもどしましょう。中学で練習させられた展開や因数分解を、「悪夢」として記憶に刻んでいらっしゃる読者も多いと思います。実際、こういう代数が生活に結びつくことは稀《まれ》ですから、確かにお気の毒なことと思います。ところが、この展開・因数分解が、不思議にも、論理とただならぬ関係で結びついているのです。

まず、次のような規則で、四つの論理演算子をそれぞれ一つの**多項式**と結び付けましょう。

「AかつB」→ab　「AまたはB」→a＋b−ab　「Aでない」→1−a

「AならばB」→1−a＋ab

次に、この論理文と多項式が、どういう関係を持っているかを説明します。文Aと文Bにその真偽を表す「1」「0」を当てはめると、各論理演算子で作られた文の真偽が

「1」、「0」のどちらかに決まります。それがどちらになるかを知るには、実は、対応する多項式のa、bにそれぞれA、Bと同一の「1」「0」を当てはめて、式の値を計算してみればいいのです。なぜなら、出てくる「1」か「0」は、対応する文の真偽と一致してしまうからです。

このことを「AまたはB」を例にとって説明します。たとえば、Aが1（真）でBが1（真）であるとき、「AまたはB」は1（真）と決められていますが（50ページ図2）、実際に多項式a＋b－abにa＝1, b＝1を代入して計算すると、1＋1－1×1で確かに1になって一致します。またAが1でBが0のとき、「AまたはB」は1ですが、a＋b－abにa＝1, b＝0を代入すれば、1＋0－1×0＝1とやはり一致します。同様にしてAが0でBが1の場合も、Aが0でBが0の場合も多項式の値は、その論理文の真偽と一致するのです。つまり、「AまたはB」のA、Bに真偽を決めたときのこの文の真偽は、a,bに同じ数字を代入したときの四則計算、a＋b－abの値と完全に一致している、ということです。このことは、「AかつB」、「Aでない」、「AならばB」の場合にも成り立っていますが、それは読者のみなさんが各自で確認してください。

このように多項式を対応させることが何の役に立つのか。それは、ある文とある文が同内容の文である（つまり真偽が一致している）ことを確かめたいとき、また、ある文が恒真文であることを確認したいとき、それを代数計算によって手軽にできるので役に立つのです。このことをお見せするために、もう一つ、次の計算法則を用意しておきましょう。それは $a^2 = a$ という公式です。aに代入するのは「1」か「0」ですからどちらにしてもこれは必ず成り立つ公式です。

では応用例をやってみましょう。

まず、ハイジャック犯の論理学で説明した「ならば」の二つの言い換えです。そこでは「AならばB」は「(Aかつ(Bでない))でない」と同じ内容であることを説明しました。このことを論理の代数で簡単に確かめます。

「AかつB」に対応するのは、abです。したがって、「Aかつ(Bでない)」に対応する多項式はbを1－bに置き換えればいいので、a(1－b)となります。だから、「(Aかつ(Bでない))でない」に対応する多項式は1－a(1－b)となりますが、これを展開すれば確かに、1－a＋abとなって、「AならばB」に対応した多項式と一致します。

同じように、「(Aでない)またはB」という言い換えについて確かめてみます。「AまたはB」に対応するのはa＋b－ab。だから、「(Aでない)またはB」に対応する多項式は、この式のaを(1－a)に置き換えればいいので、(1－a)＋b－(1－a)bとなります。これを展開整理すれば、やはり1－a＋abとなるので、「AならばB」と同じ真偽を持つことが確かめられました。

次に恒真文のチェックを、この論理の代数でやってみましょう。例えば、恒真文の例として紹介した「(AかつB) ならば (AまたはC)」に応用してみます。

この文に対応する多項式は$1-ab+ab(a+c-ac)$となりますが、これは読者各自でチェックして下さい。そして、これを展開整理して、公式からa^2をaに置き換えていく作業をします。結果は以下です。

$$
\begin{aligned}
&1-ab+ab(a+c-ac)\\
&=1-ab+a^2b+abc-a^2bc\\
&=1-ab+ab+abc-abc\\
&=1
\end{aligned}
$$

最後が「1」という単なる数になりましたから、常に真である文、つまり恒真文であることが明らかになりました。このような便利な多項式を「ブール値関数」といいます。

中学生のときには、多くの人にとって苦行でしかなかった展開・因数分解の計算が、このように、「論理的に話す」という日常的な行為と深い間柄にあるわけですから、なにごとも安易に「無駄」だと決めつけてはいけませんね。

論理と確率のランデブー

この章では、数理論理における「ならば」と日常論理における「ならば」にニュアンスの違いがあることを中心にお話ししてきました。とりわけ「AならばB」という文が、Aが偽のときは常に真となってしまうことに違和感があること。それは「AならばB」という文にわたしたちが、「A→原因、B→結果」という因果関係を感じるということと関係があること。そういう解説をしました。さらには、この違和感はセマンティックな立場から論理を扱うことから生まれてくるのであって、だからこそ、シンタックスから論理を理解することが肝要だと説明したわけです。最後のこの項では、シンタックスの方向ではなく、セマンティックスの観点を発展させて、「ならば」をより人間の感覚に近づける研究についてお話ししたいと思います。

セマンティックスというのは、文を真「1」と偽「0」だけから見る立場です。しかし、これは、わたしたちの日常的な思考の点からいうと、かなり無理のある立場だといえます。わたしたちの日常的な推論では、ものごとにははっきり白黒がついていないのが一般的です。「かなり疑わしい」とか「たぶん違うだろう」とか、わたしたちの日常の認識はファジーなものです。だから、真と偽という二つだけからものごとを捉えようとすると、わたしたちの通常の感覚から大きくずれてしまうのです。

そこでこの点を変更することによって、論理を日常の思考に近づけようとする研究者たちが現われました。フランク・ラムゼーがその先駆けです。ラムゼーは二十世紀イギリスの天才的な数学者かつ経済学者で、あのケインズなどとも親交のあった人でしたが、惜しいことに夭折《ようせつ》しました。ラムゼーは、文の正しさというのは、それを人がどの程度その文を信じるか、その「信念の度合」だと考えようとしました。つまり、文の正しさは「1」か「0」の二者択一ではなく、その中間的な状態も考えられることになります。人は、いろいろな証拠を組み合わせて、ある文の正しさを論理的に検討し、たとえば「0.7ぐらい正しいと思われる」というように、ファジーな捉え方をする。そう考えるほうがより人間の認識に近いとラムゼーは考えました。

この考えを「確率」の理論を利用して発展させようとしたのが、哲学者ロバート・ストルネイカーでした。その考え方は非常に興味深いものです。

ストルネイカーは、**「AならばB」という文の正しさを、「Aという情報が与えられたとすれば、Bの信憑性《しんぴょうせい》はいかほどになるか」**、そういうものだと考えたのです。そして、そのことを数理的に表現するために彼は「**条件付確率**」を用いることを思いつきました。

条件付確率というのは、高校で習う「**情報を与えられた上での確率**」のことです。たとえば、トランプが1枚テーブルに伏せて置かれているとき、「そのカードはスペード」という事象Sの確率は4分の1であると考えられます。4つのマークのうちのどのマークも同様に確からしいと考えるしかないからです。このことを確率の記号ではP(S) = 1/4と記します。

ではここで、「実はそのカードは黒い色だよ」という情報を得たとしましょう。つまり「そのカードは黒」という事象Bが確実に起きている情報を得た、というわけです。このとき、カードはスペードかクラブと限定されるとわかりますから、この情報を得た上での事象S「そのカードはスペード」の確率は2分の1と変わります。これが条件付確率と呼ばれるものです。記号ではP(S/B) = 1/2のように書きます。「/」の下にあるBが情報として与えられている事象で、P(S/B)はBという情報を得た上でのSの確率を表しています。

ストルネイカーのアイデアというのは、論理文の真偽を、事象の確率に対応させることでした。たとえば、論理文S「そのカードはスペード」は、カードが伏せられている限り、真とも偽とも判断できないものです。しかし、4つの同様に確からしい場合の一つである、という前提知識を持っていることから、この文の真偽について「確率的な判断」なら可能です。それは「論理文Sは4分の1の確率で真である」というものです。そこで、P(S) = 1/4という数を、論理文Sに与える「信念」の数値として用い、真偽を表す「1」

「0」の代わりにしようというのが、ストルネイカーのもくろみだったのです。

この発想は通常の論理とも整合的です。たとえば「このカードはスペードであるか、またはスペードでない」という事象は「必ず起きている」事象なので、確率は1となりますが、これを論理文として見たとき、これは恒真文ですから、つじつまが合っています。

このように真偽を確率に置き換えたストルネイカーは、**「ならば」の論理文を条件付確率に対応**させました。いまの例でいうなら、「(そのカードが黒) ならば (そのカードはスペード)」、つまり「BならばS」に対する信念の度合を、P(S/B) = 1/2であると定義したわけです。記号で表すなら、P(「BならばS」) = P(S/B) ということです。これは、「わたしたちのカードのマークに関する信念において、(そのカードが黒) という前提を与えられるなら、(そのカードはスペード) であることを½と信じる」そういう意味になります。確率の理論においては、「XかつY」に対応するもの (記号ではP(X∩Y) と書く) も、「XまたはY」に対応するもの (記号ではP(X∪Y) と書く) も、また「Xでない」に対応するもの (記号ではP($\overline{X}$) と書く) もすでに存在していましたが、ただ一つ「XならばY」に対応するものだけが欠けていたのです。そこでストルネイカーは、**P(if X then Y) を条件付確率 P(Y/X) で定義すればいい**、そう考えたのでした。大変面白い発想だと、読者のみなさんもきっと思われることでしょう。

このように定義された「ならば」は、数理論理の「ならば」とは全く異なるものになります。数理論理では「BならばS」と「(Bでない) またはS」が同内容の文であることを何回も解説しましたが、ストルネイカーの定義ではこの二つの文は違う内容を表すことになります。実際、「BならばS」の確率 (＝信念) はいま述べたようにP(if B then S)＝P(S/B)＝1/2となりますが、他方、「(Bでない) またはS」の確率は、

P((黒でない) または (スペード))

＝P(ダイヤまたはハートまたはスペード)＝3/4

となって、たしかに全く異なっています。

このストルネイカーの定義した「ならば」が、できごとの「因果関係」を含んだものであることもなんとなく直感できることでしょう。「BならばS」という文についての信念は、B「黒である」という前提が与えられたからこそ、何も前提がないときの確率¼から½に上昇したわけです。「黒である」という情報が原因となって、「スペードである」ことへの信念の度合が変わったというわけです。まさにこれは因果関係です。

「構造改革なくして景気回復なし」の例にストルネイカーの定義をあてはめるなら、国民がこの総理のことばの信憑性をどう受け取るか、それがこの「ならば」文の意味となります。何も条件がないなかで「不景気」である確率と、「構造改革がなされない」という条

件をつけた上で「不景気」である確率とを比較すれば、「国民がどの程度、不景気の原因として構造問題を見ているか」、それが織り込まれることになるでしょう。このようなストルネイカーの視点のほうが、数理論理よりずっと、人間の論理認識に近いと、みなさんも感じておられるに違いありません。

ところが残念なことに、このストルネイカーの考え方に対して、デビッド・ルイスという数学者が強烈な反論を提出しました。ルイスは少し面倒な確率計算によって、P(Y/X)=P(C) となるような論理文Cなど存在しようがないことを証明してしまったのです。ストルネイカーはCを「if X then Y」だと考えていたので、このストルネイカーの定義は、空虚なものであることが明らかにされたことになります。

このように、ストルネイカーの方法は、結果的に成功はしませんでしたが、その「**論理学と人間の認識を近づけようという試み**」は、近い将来、別の研究者によってきっと実を結ぶに違いない、そんな予感を筆者は持っています。

第2章　「距離」を規制緩和する話

失恋の思い出

唐突に失恋話からはじまるので面食らうかもしれませんが、まあ聞いてください。

筆者は高校二年のときに同級生の女の子に失恋をしました。細かい事情は省略しますけど、彼女に渡す必要のあるものを家まで届けにいって、あるできごとから偶然彼女の意中の人が自分でないことを知ってしまったのです。いやあ、ショックでした。ショックのあまり頭が真っ白になり、電車に乗れる気分ではなく、仕方ないので自分の家まで歩いて帰ることに決めたのです。

図1

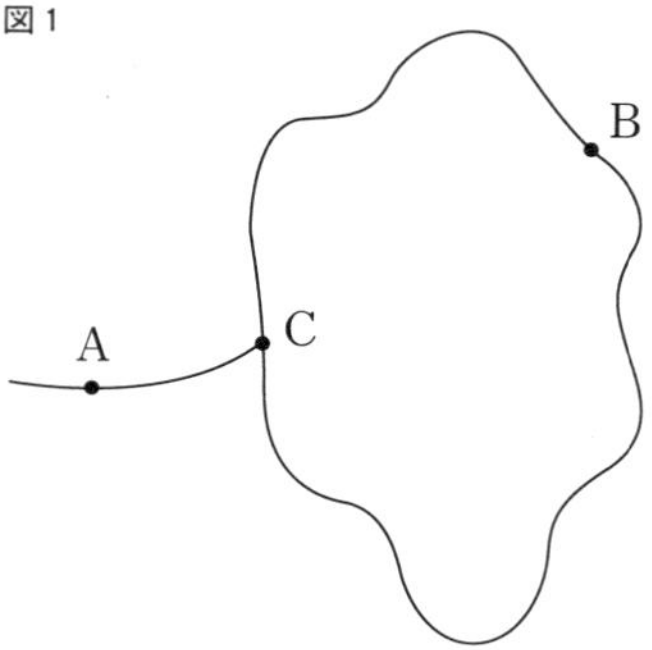

ところが、彼女の家と自宅は電車で一時間弱ぐらい離れております。実のところ歩くとどの程度の時間がかかるか予想もつきませんでした。それればかりではありません。地理にうとい高校生の筆者は、どういうふうに歩いていけば家につくのかもさっぱりわかりませんでした。そんなとき、いいアイデアが浮かびました。そうだ、線路に沿って歩いていけばいい、そう思い立ったのです。

ところで路線図を書くと図1のようになっており、Aが彼女の駅、Bが筆者の駅、という関係にありました。自分の駅が環状線のどの位置にあるかは知っていましたが、具体的な方角としては見当がついておらず、C駅までたどりついたとき、思案に暮れることになったのです。やっぱり、相当に動揺していたからでしょうか、そんなとき突然、以前に本で読んだことのある数学の定理が頭に浮かんだのです。それが「**ジョルダンの曲線定理**」というものでした。

この章では、シンプルな幾何学の話からスタートして、だんだんと世界を拡げていき、最後にはとんでもないところにいきつくことをお見せして、数学の自由でユニークな発想をアピールしたいと思います。

ジョルダンの曲線定理ってなに?

ジョルダンの曲線定理は、閉じた曲線に関する定理です。平面上の曲線で、始点と終点がつながって輪になった切れ目のない自分自身との交点をもたない曲線のことを「ジョルダン閉曲線」と呼びます。輪ゴムをテーブルに置いたものを想像していただけばいいです。さてこのとき、「ジョルダンの曲線定理」というのは以下のように表現されます。

【ジョルダンの曲線定理】ジョルダン閉曲線Jは、平面から曲線Jを除いた部分を、共通点のない二つの領域、内部と外部、に完全に分離させる

いかつい表現なので、もっと日常的なわかりやすい表現で言い直しましょう。地面（平面）に適当にジョルダン閉曲線を描きます。そして、その閉曲線をなぞるように柵を作ります。すると、柵によって、平面は内部と外部に完全に分断されてしまう、そう主張するのがこの定理です。つまり、柵を越えないで一方の領域から他方の領域に移動することができない、というわけです（ここで内部とは有限の領域のことで、外部とは無限に広い領域のことをいいます）。読者の中には、「そんなの当たり前じゃないか」と感じる方もおられると思います。しかしお待ち下され、閉曲線Jには図2のように非常に複雑なものもあります。このとき「本当に内部と外部に分離されているのか？」というのは見た目だけで判断するのはそんなに容易なことではない、とわかるでしょう。こんな場合に対しても、この定理は結論が正しいことを保証してくれます。

それだけではありません。この定理は、「ある場所を指定したとき、そこが内部なのか外部なのか」、

図2

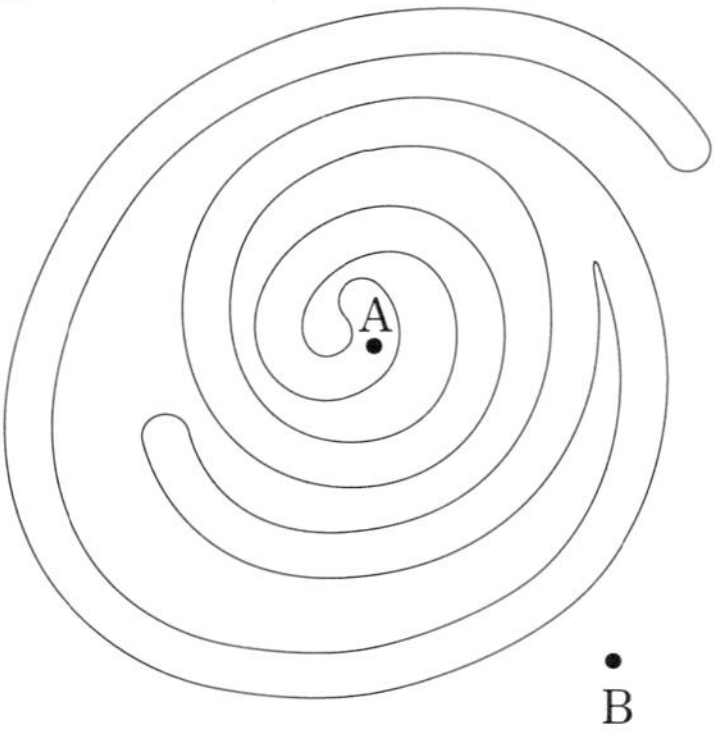

その見分け方まで与えてくれるから有能なのです。たとえば、図の点Aが外部の点か内部の点かを判断したいとしたら、その点Aと、適当な外部の点Bとを線で結んだとき、境界線である曲線J（要するに柵）を何回またぐかを調べ、奇数回なら内部、偶数回なら外部と判定すればいい、ということなのです。

話を戻しましょう。失恋して自宅まで歩いて帰ろうとした筆者は、線路に沿って歩いているとき、どうしたわけだか、この定理が頭に浮かびました。そして、

「そうだ、環状線の内部を歩いているようにすれば、有限領域だからいずれ自宅の最寄り駅にぶつかるだろう。外部を歩くとどこまでも離れてしまうかもしれない。だから、一回線路を横切ったら、用心して線路からあまり離れないようにして、なるべく早くもう一度線路を横切って内部に戻れるように歩けばいいんだ」

そう考えたわけです。非常事態に数学の定理のことなんか思い出していた過去の自分を、いまとなっては笑うしかありませんが、とにかくその戦略によって、数時間後に無事自宅の最寄り駅に到着することができました。いままでとりたてて意識したことのない景色の中を歩いたことで、改めて東京の町並みを見直す経験にもなりました。これは、抽象的な数学の定理が実生活に役立った（ように思えた）初めての体験でした。失恋の悲しみは、ジョルダン曲線定理だけを頼りに家を目指したスリルと、数時間歩き続けた疲労が和

らげてくれたようでした。

球面上とドーナツ面上で遊んでみよう

ジョルダンの曲線定理は、ごらんの通り非常に単純な定理なのですが、証明は大変難しいことが知られています。これは数学ではよくあることです。定理の内容が平易なほど、手がかりが少なく、その証明には苦労するものなのです。有名な未解決問題たちが、非常にシンプルな形のものであることもそういう理由です。

この定理の証明には、「位相幾何」と呼ばれる分野の「巻き数」というテクニックを使うのですが、難しいので証明は略します。かわりにここでは、応用法のほうを紹介しておきましょう。第一の応用は、この定理が平面でないところでも場合によっては成り立つ、ということです。

たとえば、**同じ定理が球面上でも成立します**。図3を見てください。ジョルダン閉曲線Jは、確かに球の表面を2つの領域に分離しています。いってみれば、惑星上

図3

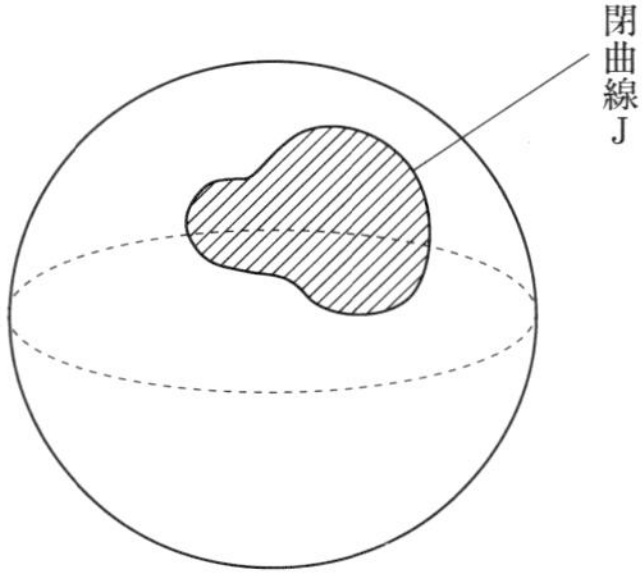

に大陸が1つだけあると、その海岸線である閉曲線によって、惑星の表面は大陸と海とに分離される、そんなイメージです。ただし、球面を閉曲線Jで分離する場合には、平面のときとは違い、分離された領域のどちらが内部でどちらが外部であるかは定義できなくなります。どちらも有限の領域なので、「大陸が海岸線に囲い込まれている」、とも、「海が海岸線に囲い込まれている」、ともいえるからです。

平面上でのジョルダンの曲線を前提とすれば、球面バージョンの証明は、それほど難しくもありません。数学的に厳密な表現ではありませんが、本質的に同じ内容のことを日常的な表現で解説しましょう。まず球面をゴムボールの表面だと想像します。そしてそこに閉曲線Jを描いておきます。次に、J上の点でない1点を選び、その点に針を刺して穴をあけ、その穴からゴムボールを図4のように切り開いていきます。完全に切り開けたら、平面に押し付けましょう。これで閉曲線Jは平面上の閉曲線に生まれ変わりました。したがって、平面版のジョ

図4

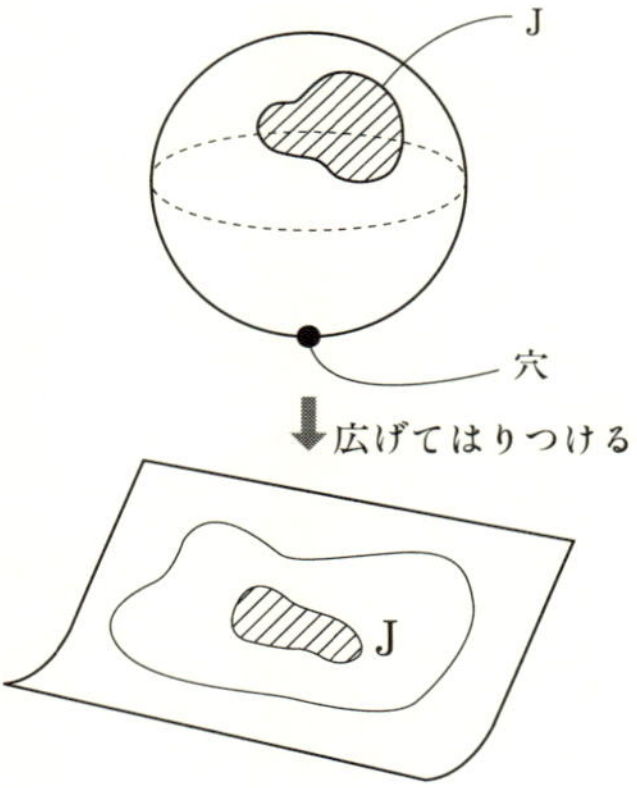

ルダン曲線定理を適用できます。つまり閉曲線Jは押し付けたボール面を内部と外部に分離します。これはとりもなおさず、球面上でも曲線が領域を2つに分離していることも表しているはずです。

以上で、ジョルダン閉曲線定理が球面上でも成立することがわかりました。なんとなくこの証明を眺めていると、この定理が「3次元図形の表面」のような「2次元的世界」ならいつでも成り立つと思ってしまいがちです。ところが、面白いことにそうではないのです。簡単な反例が、「ドーナツ型（浮き袋型）の表面」によって与えられます。**図5**を見てください。図5の上図のような閉曲線の場合は、ドーナツの表面は同じように内部と外部に分離されますが、下図のような閉曲線の場合にはドーナツ面は2つには分離されていません。点dと点eは閉曲線Jを横切らないで結ぶことができます。このように、ドーナツ面上では、ジョルダンの曲線定理は成立しませんから、この定理は「2次元」という性質だけに依存するのではなく、何か別の数学的性質が加わって成立するのであろう、ということが推測されるのです。

図5

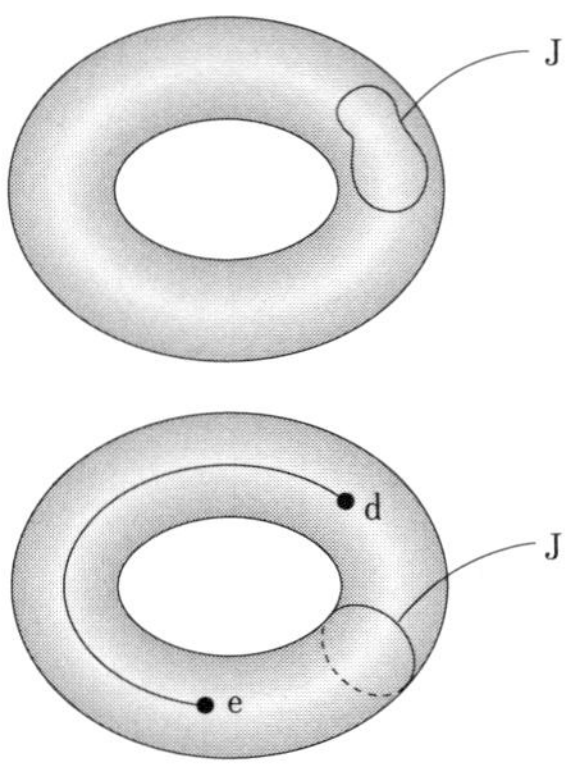

交わらないように配線する問題

次に「ジョルダンの曲線定理はこんなふうな意外な使い方があるんだよ」、という面白い例を紹介しましょう。

今、部屋の床に置いてあるいくつかの電気製品を配線でつなぐことを考えましょう。このとき、どの2つの機器もラインでつながれ、しかもラインが床の上で交差しないようにすることを考えます。これは日常でよく直面するたぐいの問題です。このような状況はほかにもいろいろ考えられるでしょう。たとえば、数軒の家を2軒ずつ立体交差しない水道管でつなぐとか、いくつかの家屋のどの2つも道でつないで、それらの道が交差しないようにする、といった問題です。

まず、電気機器が3台の場合は、**図6**のように簡単にできます。4台の場合は、ちょっとだけ考えれば、**図7**のように可能だと結論が出るでしょう。では、5台の場合はどうでしょうか。ちょっと

図6

図7

試してみると、どうも簡単にはできそうにないことがわかってきます。みなさんも手を動かして実際にトライしてみてください。うまくいかない感じがわかっていただけるに違いありません。それもそのはずです。実は、どうやっても不可能なのです。つまり、**「不可能であることが証明できてしまう」**のです。しかも、その証明のかなめとなるものが、他でもない、ジョルダンの曲線定理なのです。

ジョルダンの定理は、こんなふうに役に立った

証明をやってみましょう。証明には背理法を使います。つまり、「うまく配線ができた」と仮定して話を進め、どこかで矛盾が出てくることを確かめるわけです。

まず、5台の機器をa、b、c、d、eとしましょう。そして、どの2台も線で結ばれていると仮定しておきます。その図に、矛盾を見出せばいいのです。機器a、b、cは、配線ab, bc, caで結ばれていますが、これをつなぐとジョルダン閉曲線Jができます。したがってこれはジョルダンの曲線定理から平面を内部と外部に分離します。機器dは、曲線J上にありませんから、内部か外部かどちらかにあるはずです。ここでは、内部にあるとして話を進めます（外部だったときも大差なく議論できます）。このとき、3つの配線da, db, dcによって、内部はさらに3つの領域X、Y、Zに分離します（図8）。

それぞれは、ジョルダン閉曲線dabd, dbcd, dcadによって囲まれています。最後の点（機器e）がどこにあるべきか考えましょう。閉曲線Jの外側にあることはできません。そうなると内部にある機器dとを結ぶ配線が曲線Jと交差してしまうからです。また、領域Xにあることもできません。機器cはXに対して外側にあるので、配線ecが閉曲線dabdと交差してしまいます。同様にして、YにもZにも存在できません。これで、機器eがどこにも存在できず、「うまく配線ができた」という仮定の図との矛盾が示されたわけです。以上で名づけて「**5点の配線不可能定理**」について、その証明が終了しました。

図８

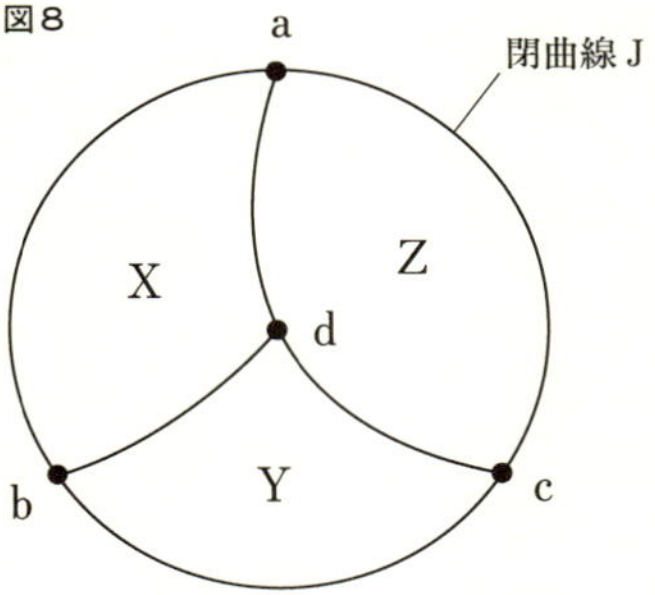

数学はこのように意外性をもたらす

「5点の配線不可能定理」は、当然、球面上でも成立します。それは球面上でもジョルダンの曲線定理が成立するのだから、全く同じ手続きで証明を再現すればいいのです。では、ドーナツの表面上ではどうでしょうか？　ドーナツの表面では、ジョルダンの曲線定理は成立しませんから、同じ手は使えません。しかし、だからといって、「できる」と結論するのは性急です。別の理屈でその不可能性が証明されないとも限らないからです。さあ、どっちでしょうか。

実に面白いことに、ドーナツの表面上では「うまく配線できてしまう」のです。つまり、**ドーナツの表面上には、「5点を2点ずつ結んで、どの線も交差しないように描くことが可能」**なのです。それを具体的にやってみたものが図9です。

図9

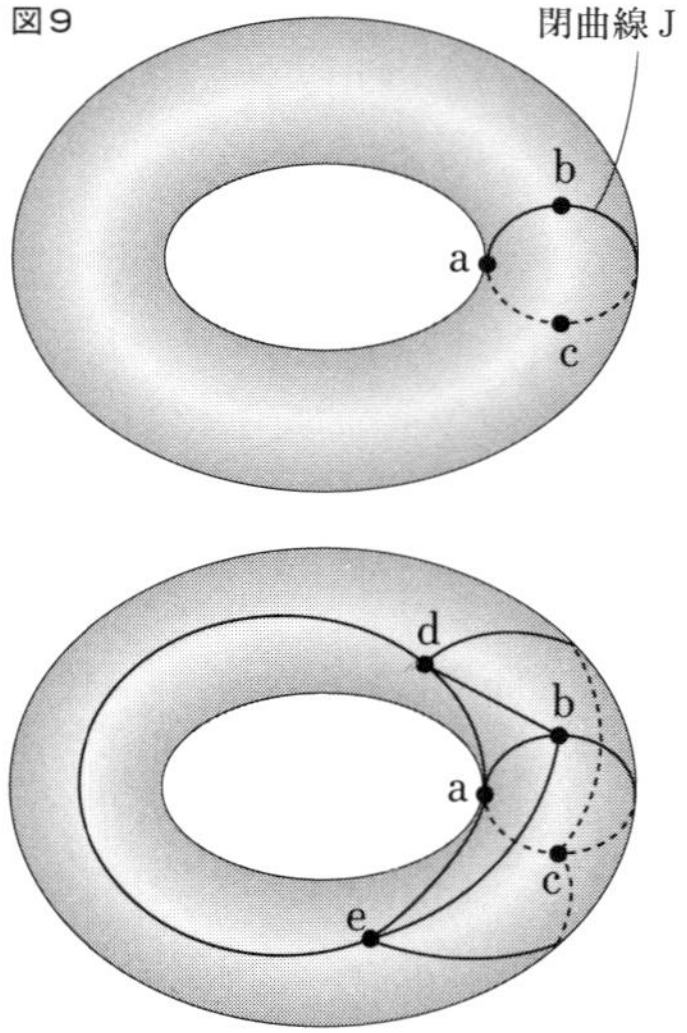

まず、ドーナツの表面に上図のように点a、b、cを配置しましょう。これらをつないでできる閉曲線をJと呼びます。前に解説したように、この閉曲線Jは、ドーナツの表面を2つの領域に分離しません。これが、平面や球面の場合と違う結論に導くミソになります。次に残る点dとeを下図のように配置します。このように配置すると、5つの点すべてを2つずつ線でつなぎ、しかも交差しないようにできることがわかる

でしょう。

同じ2次元図形（立体の表面）と一口に言っても、平面や球面やドーナツ面などさまざまなものがあり、それにはおのおの特徴の違いがあるということがわかりました。またその違いを解き明かすのが、数学における「定理」の役割なのです。このような数学の定理は、「球には穴がないが、ドーナツには穴が開いている」という日常レベルの認識から、もっと精緻な数学的認識へと導いてくれます。そして、失恋の痛みも癒してくれるかもしれません（それは言いすぎですね）。

「距離」をもっと自由に

これまで、ジョルダン曲線を球面上やドーナツ面上で利用した「柔らかい幾何学」を解説しました。幾何学がいかに自由奔放なものであるか、少しはわかっていただけたかと思います。そこでさらに、この「柔らかい幾何学」をもう少し踏み込んで説明することとしましょう。

皆さんは、道を歩いたり、電車に乗ったりするとき、**「距離」**というものを意識しますよね。距離は、平面上や空間内での2点の隔たりを表す量であり、「近い」とか「遠い」とかの判断基準になる量でもあります。しかし、「距離」というのと、「近い・遠い」というのは、必ずしも同一の基準でないことに、皆さんも同意されるに違いありません。「距離」というのが長さで測った客観的な数値であるのに対して、「近い・遠い」というのはたぶんに感覚的なもので、人によって、また、状況によって判断が変わるものだからです。実は、この「近い・遠い」の感覚を優先させることによって、**距離ということの考え方を「規制緩和する」ことができるのです**。そしてこれは、「数学の自由奔放さ」を知っていただくのに、格好の題材となります。

距離にとって一番大事な法則

平面において、2点AとBの距離は、それを結ぶ線分ABの長さで与えられることは誰でも知っています。たとえば、AとBを直線で結んで、それをものさしで測って「45㎝」となれば、「AとBの間の距離」＝「ABの長さ」＝「45㎝」、となるわけです。このような「2点AとBの距離」を、記号d(A,B)で表すことにしましょう。つまり、

d(A,B)＝(線分ABの長さ)

ということです。ここで、記号d(A,B)のdは、distance(距離)の頭文字を取ったものです。なぜ距離を表すのに、わざわざ新しい記号を作るのでしょうか。それは、いま例に出した「45㎝」のような距離の測り方とは別の、さまざまな距離をこれから紹介しようとし

ているからです。つまり「距離」を規制緩和したいのです。そのためには、新しい記号を作っておくのが有用です。

そこで、平面上の距離を長さで測るときのもっとも特徴的な性質はなんであるか、それを考えることとしましょう。それは、みなさんもご存知の「**三角形の2辺の和は残りの1辺より長い**」というものです。ちゃんと書くと、

△ABCにおいて、AB + BC > AC

という法則ですね。この法則をさきほどの距離の記号で書き直してみましょう。

$$d(A,B)+d(B,C) \geqq d(A,C) \quad \cdots(☆)$$

という式になります。この式は**三角不等式**と呼ばれるものです。細かいことですが、最初の不等式には等号が入っていないのに、(☆)の不等式には等号が入っているのは、(☆)の不等式は3点A、B、Cが一直線になる場合、つまり三角形がつぶれている場合も含めているからです。不等式(☆)は要するに「道草をするよりまっすぐ行くほうが近い」という感覚的あるいは経験的にはあたりまえのことを、記号を使って表したものなのです。

余談になりますが、作家の曽野綾子氏が、ゆとり教育を推進する文部省(当時)の答申で、「生きてきて数学が役に立ったのは、曲がって行くよりまっすぐ行ったほうが近い、ということだけだが、そんなことならイヌ・ネコでも知っている」と発言して、数学教育

界に衝撃を与えました。このことについては、終章でもう一度論じたいと思いますが、曽野氏が「イヌ・ネコでも知っている」という法則が、距離空間という現代数学の最先端を切り拓いていく姿を、これから読者の皆さんにとくとお目にかけたいと思います。

さて、経験からいうなら、この法則は3点でなく、もちろん何点だって同じに成り立つはずとわかるでしょう。つまり1回ではなく、2回以上曲がっても、まっすぐ行くより長い距離を歩くのは確かです。しかしこのことは、日常の経験にものいわせなくとも、(☆)式と不等号の法則だけを認めれば、「数学的に証明できる」ことなのです。4点A、B、C、Dの場合でやってみることにしましょう。次の定理を証明してみます。

【定理1】

4点A、B、C、Dに対して、

$$d(A,B)+d(B,C)+d(C,D) \geqq d(A,D) \quad \cdots①$$

(証明)

(☆)式より、

$$d(A,B)+d(B,C) \geqq d(A,C)$$

この両辺に$d(C,D)$を加えます。

$$d(A,B) + d(B,C) + d(C,D) \geqq d(A,C) + d(C,D) \quad \cdots ②$$

ここで右辺には、再び三角不等式を利用することができます。まず、（☆）でBをCに、CをDに置き換えましょう。

$$d(A,C) + d(C,D) \geqq d(A,D) \quad \cdots ③$$

ここで、②と③をつなげれば、定理の不等式①が得られます。（ここで②と③から①を導く不等式の法則を、「**推移律**」と呼びます。推移律は、第3章の主役となるのでお楽しみに）

この定理1は、わざわざ証明なんてしなくても、というぐらい直感的に当たり前の定理です。でも、次の定理などはあんがい簡単ではないかもしれません。

【定理2】

4点A、B、X、Yに対して、

$$d(A,X) + d(A,Y) + d(B,X) + d(B,Y)$$
$$\geqq d(A,B) + d(X,Y)$$

この定理の証明は省略しますので、ひまつぶしに考えてみてください。（都合のいい図を

一つ描いて、その図で示すのはダメです。（☆）式を用いて点たちのあらゆる位置関係に対していっぺんに証明するのですよ）

距離の取り決めを変えてしまおう

以上で、私たちが「距離」といっているものに一番重要な性質は（☆）の不等式だ、ということがわかりました。ここで、重大な発想の転換をしましょう。つまり、

「（☆）の不等式が成り立つなら、それを距離と見なしてしまおう」

と考えるのです。何かものの集まりがあって、その中からどの二つのものを取り出してペアにしても、各ペアに対して必ずある一つの0以上の数値が割り当てられているとします。しかもその数値が（☆）の不等式を満たすとします。このとき、その数値はその集まりの間の「距離」を測っているのだ、そう考えることにするのです。

もっときちんと書くと、以下のようになります。

集合Xがあって、その中のどの二つの要素aとbを取ってきても、その組に対して一つの数値が割り当てられており、それがd(a,b)で、以下の三つの条件が成立しているとしましょう。

〔距離のとりきめ〕

（☆1）　$d(a,b)$ はどの組に対しても $d(a,b) \geqq 0$ をみたし、$d(a,b)=0$ となるのは、$a=b$のときのみである。

（☆2）　$d(a,b)=d(b,a)$

（☆3）　$d(a,b)+d(b,c) \geqq d(a,c)$

このとき、$d(*,*)$ を「集合Xの距離」と呼ぶ。

また、**このように新種の「距離」を導入された集合Xを「距離空間」**と呼ぶのです。ここで、条件（☆1）は単に「距離は必ず0以上の数値であり、とくに0になるのは同一の要素の場合だけ」ということを意味しています。また条件（☆2）は、「距離はどちらの要素からどちらの要素に向かって測っても同じ」ということを表しているにすぎません。ですから、本質的な条件は（☆3）の三角不等式だと考えていいわけです。

以下、この〔とりきめ〕を満たす距離空間の例をいくつか挙げていくことにしましょう。

平面上の点たちの集合に対して、最初の通り

$d(A,B)=$(線分ABの長さ)

とd(＊,＊)を取り決めると、これは（☆1）（☆2）（☆3）をすべてみたします。つまり、この通常の距離は、「距離の公理」を満たしています。これは当然として、これからが、「新種の距離」です。

いま、人間の集合Xを考えましょう。Xに属する人間たちに対して、次のように距離を決めるのです。

〔距離その2〕

人aと人bが異なるなら、d(a,b)＝1

人aと人bが同一人物なら、d(a,b)＝0

このように取り決めたd(＊,＊)が、（☆1）（☆2）（☆3）をすべて満たすのは簡単に確かめられます。a、b、cがすべて一致する場合は（☆3）の両辺はともに0で成立し、また少なくとも二つが異なる場合は、左辺は1以上、右辺が1以下なので成立するのです。これによって「人間の集合」Xが距離空間に仕立てあげられました。実は、この距離は、人間でなくともどんな集合Xにも導入できます。平面の点の集合に導入すると、さっきの通常の距離とは異なる、新しい距離を導入したことになり、平面は別の距離空間に仕立てられることになるのです。

この〔距離その2〕が導入された距離空間は、私たちの常識とはかなりかけ離れたものになっています。たとえば、人の集合Xから、一人の人物aさんを選びます。他のすべての人物bさん、cさん、dさん、eさん……を考えると彼らはみんなaさんと距離1の隔たりにあることになります。つまり、通常のイメージでいうなら、彼らはみんなaさんを中心に置いた半径1の円周上に並んでいるわけです。ところで、今度はbさんを主役に据えれば、ほかのすべての人物aさん、cさん、dさん、eさん……は、bさんを中心として半径1の円周上に並んでいることになります。これは、残りのどのメンバーをとっても同じです。こんな状態を図形的に思い浮かべるのは容易ではないでしょう。

ところが、このような図形的にはわけのわからない世界でも、定理1や定理2が成り立ちます。どうしてかというと、**これらの定理は（☆3）だけを使って証明される定理なので、すべての距離空間でも成り立つことが保証されているからです。このように、異なるさまざまな世界で、普遍的に成り立つ定理を探す**のが、数学の喜びの一つです。

鉄道路線図を距離空間に仕立てる

引き続いて、もう一つ面白い距離空間の例を紹介しましょう。鉄道路線図を距離空間に仕立てるのです。ここで議論を簡単にするためにＪＲの路線図だけを考えます。ＪＲの路線図に、通常の距離と違う、そして〔距離その２〕とも違う距離を導入するには、どんな数値を設定したらいいのでしょうか。真っ先に頭に浮かぶのが、「運賃」でしょう。こんなふうに「距離」を定義してみます。

〔距離その３〕

二つの駅ＡとＢの距離 d(A,B) を

d(A,B)＝(駅A乗車で駅B下車のときの運賃)

と定義する。都合上、同じ駅で乗車下車の場合は、運賃は０と考える。

皆さんもきっと、これが「距離」のとりきめをすべて満たすことは直感的にわかることと思います。(☆1) と (☆2) の成立は問題ないでしょう。問題は三角不等式 (☆3) です。駅ａから乗って駅ｂで下車し、そのあとまた駅ｂから乗車して駅ｃで下車した場合の運賃の合計が、d(a,b)＋d(b,c) ですが、これは駅ａから乗車して駅ｃへ直接行って下車した場合の運賃 d(a,c) と同じかより高くなることはほとんど明らかなことでしょう。運賃が路線距離から決まることから考えても、また、初乗り料金が高く設定されていることとからも当然なことだと考えられます（実は例外があることを学生から聞いてしまいましたが、議論の都合上、知らないふりをします。鉄道マニアの方は見つけてみてください）。

このようにJR鉄道路線図を距離空間に仕立てることができました。距離空間になったわけですから、もちろん、定理2にどんな駅名を入れても、定理2の不等式は成立します。実際に、東京駅とか新大阪駅とか博多駅とかを代入して眺めてみると、数学にかなり親しみがわくのではないでしょうか。

狭い日本の国土を広く使う提案

路線図を距離空間に仕立てる別の方法を紹介しましょう。これは、世界的な経済学者である宇沢弘文（筆者の師匠にあたる人です）が、エッセイの中で次のように述べたものを元にしています。

「狭い日本の国土をもっと広く使うためには、すべての電車の速度を半分に落とせばいい。そうすれば、国土を今の四倍に使うことができる」

これは、私たちの常識とまるで反対の発想に思えます。凡人は、「狭い国土を有効に利用するには、電車のスピードがもっと速くなって、どんな田舎でも仕事や居住ができるようになればいい」、そう考えてしまいます。しかし、その常識に対して、宇沢は、まっさかさまの意見をぶつけているわけです。根拠はなんでしょう。たぶん宇沢の念頭には「距離空間」があるのだと思います。次のような距離空間です。

〔距離その4〕
二つの駅xとyの距離d(x,y)を
d(x,y)＝(駅xから駅yまで電車で行くときのあらゆる経路の中での最小の乗車時間)
とする。

このとき、やはり日本の町の集合が距離空間になることが確かめられます。ちょっと確認する必要があるのは、(☆3)だけです。d(a,b)＋d(b,c)というのは、「a駅からb駅へ最小の時間で移動し、そのあとb駅からc駅へ最小の時間で行くときの合計時間」を表します。ところでこの経路は、a駅からc駅へ行く経路たちの中の一つですから、その最小時間d(a,c)を測るときには、当然この経路も考慮されているはずです。ですから、d(a,c)がd(a,b)＋d(b,c)を超えるはずがありません。もしそうなら、「最小」として選ばれるはずがないからです。これで(☆3)の成立が確認されました。

このような新しい距離を入れて、日本の国土を(駅を基準とした)別種の距離空間と見た場合、「すべての電車の速度を半分に落とす」ことは、「すべての駅と駅（町と町）との距離が2倍になる」ことと同じ意味になります。電車で行くと倍の時間がかかり、まさにその時間を二点間の「距離」と見なしているからです。

どの二点間も距離が2倍になるというのは、すべての図形が2倍に相似拡大されることを意味しています。あらゆる長方形は、縦も2倍、横も2倍に測られるからです。すると、面積は2×2＝4倍になるでしょう。つまり、このような「相似拡大」の見方をすることによって、宇沢は「国土が四倍の広さに利用できる」と述べたのだろう、そう筆者には思えます。

この宇沢の論説は、単なるしゃれや皮肉ではないと筆者は考えます。たとえば、東京と名古屋が2時間で結ばれなければ、東京―名古屋間の移動中、どこかで中継や休憩が必要となり、そこに自然に宿場町が栄えるでしょう。あるいは、工場や企業も誘致されることになるでしょう。なまじ東京―名古屋間が短時間で結ばれていると、経済はその2都市に集中し、間の土地は不毛地帯になりかねません。都市計画の観点からすると、高速移動の発明は必ずしも豊かさを約束するものとはいえない、そんな問題意識が宇沢の論の背後にあるのだと理解しています。宇沢は経済学者ではあるものの、出身は数学科なので、こういう距離空間論を背景としたユニークな発想ができたに違いありません。

株価のグラフが似ている?

宇沢の論に見るように、この距離空間という見方は、経済とも縁が深いものです。先日、テレビでニュース番組を見ていたら、経済評論家の方が出演していて、非常に面白いことを言っていました。その評論家は、日本におけるバブル崩壊後の株価のグラフとアメリカにおける最近(一九九〇年代後半から二〇〇〇年代初頭)の株価のグラフを両方かざして、「すごく似ているでしょ?」などと言っていたのです。だから、アメリカも今後日本と同じような景気後退に見舞われることになるだろう、と予言しているわけです。その様子を見て、失礼ながら筆者は思わず吹き出してしまいました。たしかに両方とも、上下に小刻みに揺れるぎざぎざの折れ線が、全体として大きな山型を描いてはいます。しかし、その何をして「二つのグラフは似ている」とか「二つのグラフは近い」と言っているのでしょうか。基準は何でしょうか。

実は、数学では「**グラフの近さ**」を議論する方法がきちんと確立されています。そこにも「距離空間」の考え方が使われているのです。たとえ

図10

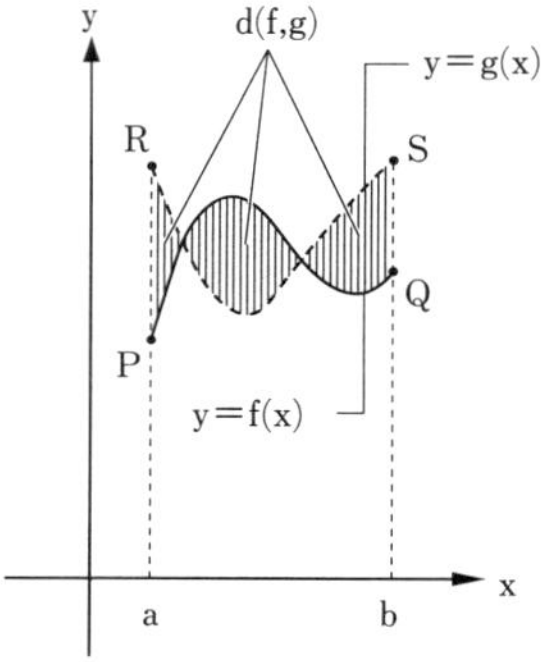

ば、**図10**に描かれている二つの関数（どちらも区間$a \leqq x \leqq b$で定義されている）のグラフPQとRSの「距離」は次のように定義されます。すなわち、二つのグラフがはさむ部分の面積が「グラフPQとRSの距離」、あるいは、「**関数y=f(x)とy=g(x)との距離**」と定義されるのです。これをd(f,g)と記すことにします。せっかくだから、序章で解説した積分記号を利用してちゃんと書いてみましょう。

$$d(f,g)=\int_{a \leqq x \leqq b} |f(x)-g(x)| \mu(dx)$$

読者の皆さんも、もう大丈夫だろうとは思いますが、念のために解説します。右辺は、関数f(x)のグラフとg(x)のグラフで挟まれる部分が、無限に細かい棒グラフだと想像してみてください。$|f(x)-g(x)|$は、その棒の高さです。$\mu(dx)$はその横幅です。これを掛けると棒の面積になります。それを∫によって無限個の合計をしているのだから、右辺はf(x)のグラフとg(x)のグラフで挟まれる部分の面積を計算しているものとわかるでしょう。それを距離d(f,g)と決めますよ、というのが左辺なのです。

このとき、このd(f,g)がちゃんと距離の取り決めを満たすことは、簡単にわかります。まず、d(f,g)が0以上であることは面積だから当然ですし、d(f,g)＝0となるのは、グラフがぴったり一致している場合に限りますから、そのとき二つの関数は同一のものとなります。また、**図11**のように、三角不等式（☆3）も成立します。y＝f(x)とy＝g(x)の

図11

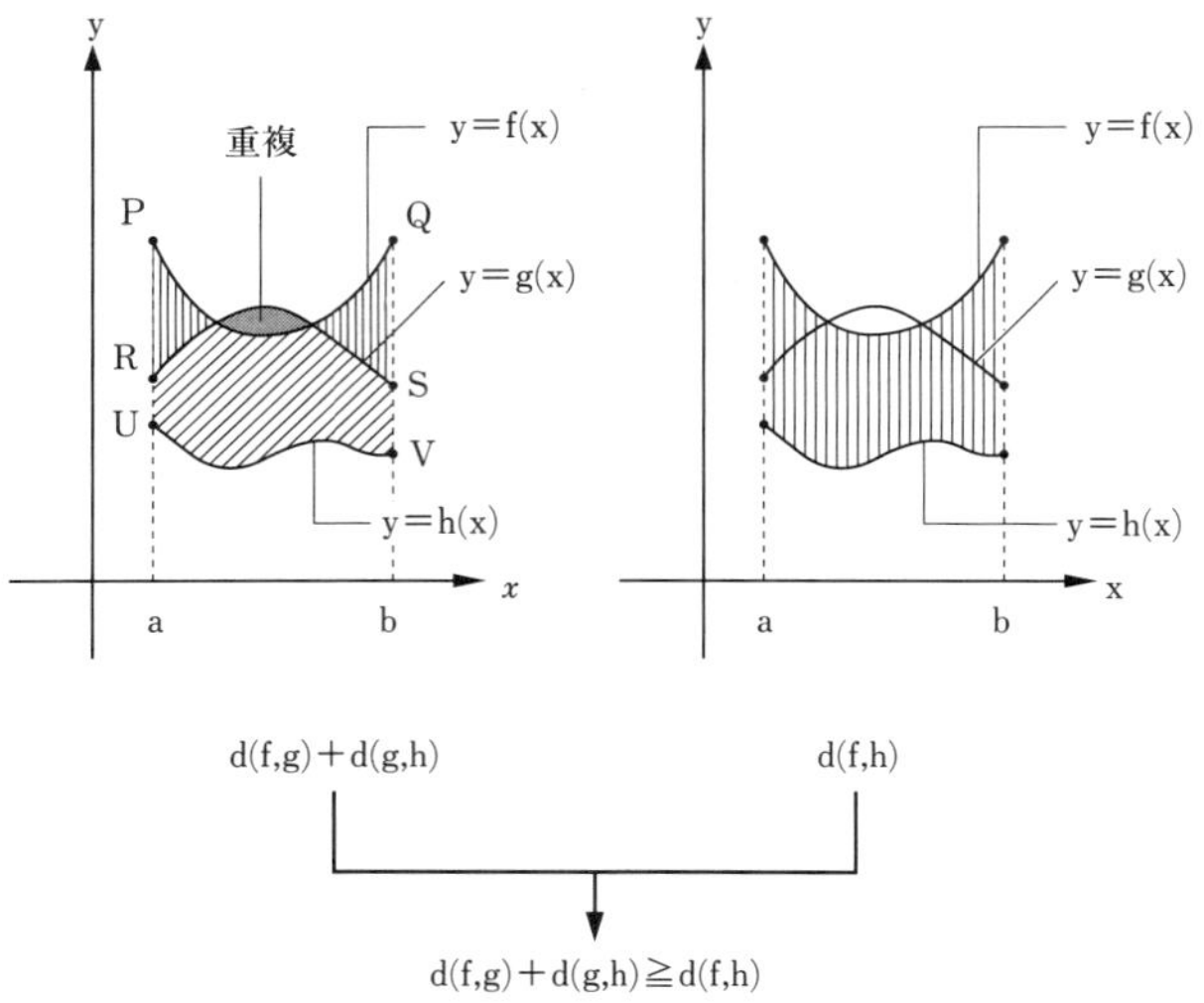

グラフが囲む面積d(f,g)とy=g(x)とy=h(x)の囲む面積d(g,h)を加えると、重なりの分を重複して加えてしまうので、y=f(x)とy=h(x)との囲む面積d(f,h)より必ず大きくなってしまうのです。

さて、このように関数のグラフの距離を定義した場合、二つの株価のグラフが「おおざっぱにいって山型」であるという点で同じであっても、必ずしも「近いグラフ」「似ているグラフ」とは判断できないことがありえます。小刻みに上下するギザギザの部分が、まるで反対の向きであるなら、二つの挟む面積は存外に大きいものでありうるからです。このように「関数と関数の隔たりを測る」ということにどんなメリットがあるのかについては、次の次の項でお話しすることとします。

図12

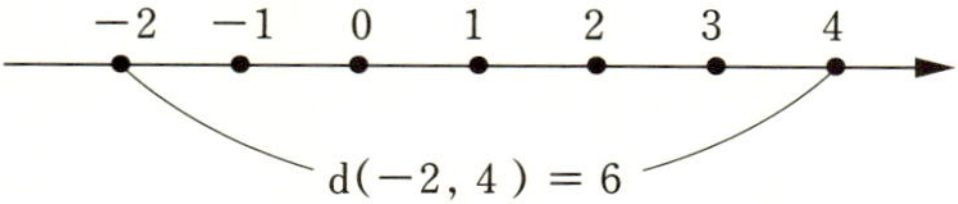

整数世界の新しい遠近法

最後の例として、たぶん最も突飛であるもの、そいつを紹介することにしましょう。それは、「整数の世界」に入れる別種の距離です。

もともと整数の世界には、通常の距離が導入されています。つまり、整数mと整数nの距離は$|m-n|$、というやつです。これは、たとえば、31と4は27だけ離れているとか、(−14)と4は18離れている、などのように、数直線上での自然な隔たりを表すもので、みなさんにもなじみ深いものでしょう(図12)。

けれども数学者たちは、この整数の世界に別の距離を入れる方法を編み出したのです。それは素数pを用いた「**p進距離**」と呼ばれるものです。ここでは、$p=3$として、「3進距離」を解説することにしましょう。

整数mと整数nの3進距離を知りたいとき、まず、引き算して$(m-n)$を計算します。次に、この数を3で割り切れる限り繰り返し割っていきます。結果として3で1回も割り切れない場合は、mとnの3進距離を1とします。ちょうど1回割り切れた場合は、3進距離を1/3とします。ちょうど2回割り切れた場合は3進距離を1/9とします。ちょうど3回割り切れた場合は、3進距離を1/27とします。以下同様に定義していくのです。ここでm＝nという特別の場合、(m－n)は0となりますから、3で無限の回数割り切ることができます。この場合は、3進距離は0とおきます。1/3、1/9、1/27、1/81、……がゼロに近づいていくことからそう定義するのだと考えればいいのです。

以上が3進距離の定義です。

たとえば31と4は、差が31－4＝27で、27は3で3回ぽっきり割り切れるので、31と4の3進距離は1/27ということになります。また、(－14)と4は、(－14)－4＝－18で、－18は3で2回ぽっきり割り切れるので、3進距離は1/9ということになるわけです。

この3進距離がちゃんと距離の取り決めを満たしていることをたしかめておきましょう。(☆1)と(☆2)はほとんど明らかですから省略し、(☆3)の三角不等式だけをたしかめることにします。いまの具体例を使って考えましょう。31と(－14)の3進距離は31と4の3進距離と(－14)と4の3進距離に対して、いったいどうなるでしょうか。31と(－14)の差に整数4を挟めば、31－(－14)＝{31－4}－{(－14)－4}と変形できます。

前者の{ }はさっき3で3回ぽっきり割り切れることがわかりました(3×3×3の倍

数ということ)。また後者の{ }は3で2回ぽっきり割り切れることがわかりました(3×3の倍数ということ)。したがって、この二つの{ }の引き算は、小さいほうの3×3の倍数だと、すなわち3で2回ぽっきり割り切れることがわかります。

つまり、3進距離をd(m,n)と書けば、

d(31,−14)≦d(4,−14)+d(31,4)+d(4,−14)

が得られたことになります。まったく同じ理屈で、

d(m,n)≦{d(m,k)とd(k,n)の大きいほう}≦d(m,k)+d(k,n)

が証明されます。つまり、(☆3)が確認されたことになったわけです。

さて、これで整数世界にいままでと別種の、そして全く新しい距離が導入されました。いってみれば、いままでと次元の異なる「遠近法」が与えられたことになったわけです。この遠近法によって、いままで数直線上に整然と並んでいた整数たちは、どんなふうに風景を変えるのでしょうか。この世界の遠近感がイメージしやすいように工夫して図示してみることにしましょう。

まず、整数0と1と2が、この空間では正三角形を成して並んでいます。どの差も、3で1回も割り切れないからです。そればかりではなく、集合A={0, 3, 6,…}、集合B={1, 4, 7,…}、集合C={2, 5, 8,…}と置くと、それぞれの集合からどの整数を取り出して

も、それら3数は正三角形を成します。ですから、集合A、B、Cをそれぞれひとまとまりの区域にして正三角形状に並べるのがいいでしょう。それが図13です。

次に、集合Aの整数を9で割った余りで分類し、三つのグループ、D＝{0, 9, 18,…}、E＝{3, 12, 21,…}、F＝{6, 15, 24,…}、に分けると、やはりこれらから一つずつどの数を抜き出しても辺の長さが1/3の正三角形を成すことがわかりますから、区域Aの内部に、D、E、Fの小区域によって、再び正三角形ができているのがわかるでしょう。これを区域Bと区域Cに対しても行って、図示したものが図14です。

図13

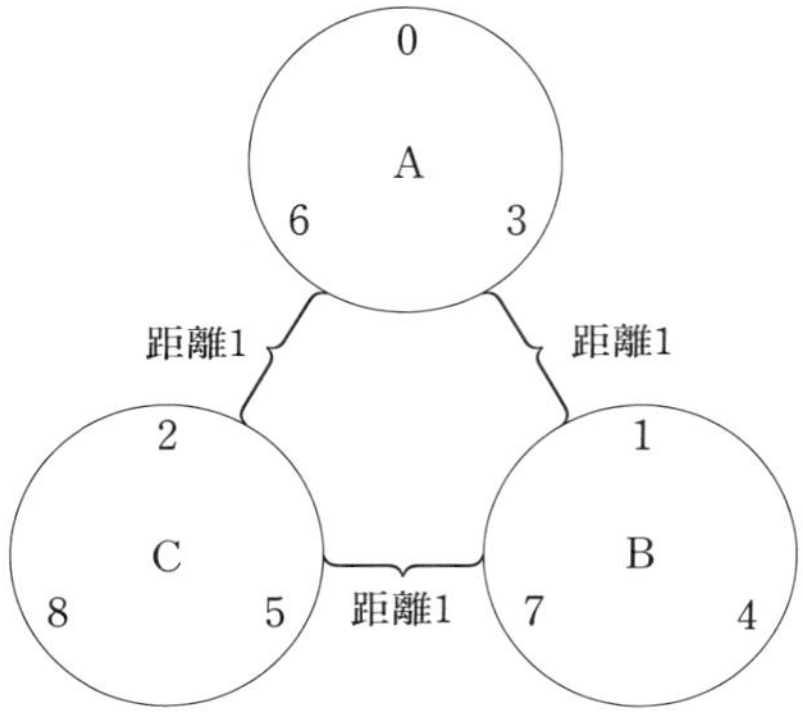

このようにして、無限に細かく3等分に分割される区域が、各区域の中で正三角形を作り、無限に細かくそれが繰り返される様子を想像してみてください。この情景を、日本を代表する数学者・加藤和也は次のような比喩で説明しました。「三枚の花びらを持った花の各花びらの先が、再び三枚の花びらに分かれ、それがまた三枚の花びらに

図14

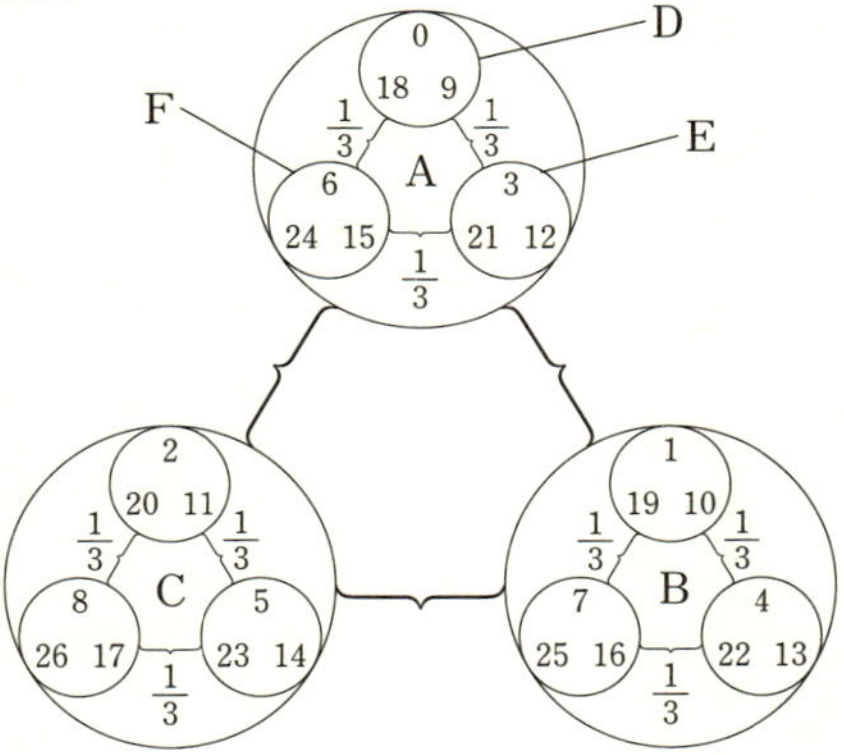

分かれる。そんな具合に無限に細かい花びらが繰り返されていく」。なんかすごく美しいイメージですよね。数学者が、頭の中では、3進距離のような抽象的な世界を、こんなふうに美しい風景にイメージしているのだ、と知れば、数学のイメージ化がいかに大切かが再認識できるでしょう。

ところで、このように「どんな小さな部分をとっても全体が反映されている」ような構造を**フラクタル構造**といいます。フラクタルは自然や社会のそこかしこに見出されます。数学者のマンデルブローは、株価のグラフの中にフラクタルを見出し、経済学者に驚きを与えました。

距離空間はどんな役に立つのか

以上、いくつかの距離空間の例を紹介してきましたが、これら距離空間っていうものは、何か役に立つのでしょうか。はい。もちろん大いに役立つのです。

空間の中に（☆1）（☆2）（☆3）を満たす距離が定義されると、その遠近感を利用して、数学者は「解析学」を展開することができるようになります。解析学というのは、簡単にいうと、微分積分のことです。数学者は、距離空間が与えられると、その「近さ」の考え方を利用して、「〜に限りなく近づく」という極限概念を定義し、それから生み出される連続性や微分積分を使って、関数の性向を解明するのです。だから**別種の距離の発見は、別種の「近さ」の発見であり、その世界に新しい解析学を導入することを可能にする**ものなのです。

たとえば、株価のグラフのところで解説した「関数たちの世界に導入された距離」は、関数たちの世界に遠近法を導入します。そうすると、「関数たちの列が、だんだんと別の関数に近づいて行く」という形で、新種の関数を生み出すことができるようになります。さらには「関数の関数」という形式で、複雑な関数を作り、その上に新しい微分積分を展開することが可能になるのです。

文系での端的な応用例は経済学です。次の第3章にもまたその後の第4章にも登場する「一般均衡定理」というのを証明するための数学ツールは、まさにこの「距離空間」なのです。この定理は、大胆な表現をすれば「資本主義が、市場取引を通じて最適な社会を実現するのは〝可能〟だ」というものです。資本主義の成立の可能性をこのような距離空間論がサポートしているのはとても面白いことですよね。

また、最後に紹介した3進距離の、この縮小しながら三つに咲き分かれる花びらの遠近法を発展させると、通常の実数とは異なる極限の方法を生み出すことができます。整数たちの上で、新しい微分積分を展開することができるようになるのです。この花びらたちの遠近感での解析学と従来の数直線上の解析学と、二つでの結果を比較対照することで、整数のさまざまな性質が明らかにされるようになりました。一九九五年にやっと解決された三百五十年物の難題「フェルマーの最終定理」の攻略にも、p進解析が深く関わっているのです。

第３章　民主主義を数学で考える

不等式から政治の話まで

わたしたちは普段、「不等式」というものにあまり関心を抱いていません。数学嫌いの人のジョークに「方程式」は登場しても、「不等式」ということばが出てくることはめったにないといっていいぐらいの無視のされようです。

不等式というのは、要するに「大小関係」を表すものにすぎません。多くの人は、「何も数学なんか持ち出さなくたって、ものの大小ぐらい見りゃわかるわい」とおっしゃることでしょう。実際、学校で習った（はずの）1次不等式が、実生活で何かの役に立った経験というのは、たいていの人には皆無なのではないでしょうか。

ところが、その不等式を、いったん経済学という社会の富を分析する学問に持ち込むと、非常に重要な役割を果たす、というのだから面白い。どうしてかというと、消費などの経済行動に対する人々の嗜好、つまり「好ましさ」の感覚は、結局大小関係で表すことができるからです。そして、そういう数学的な表し方が可能になれば、わたしたちが普段「こんな感じ」という具合に感覚的に行っている経済行動を、完全に数学的に解析できるようになるからです。

この章では、不等式の話から始まって、経済の話を経由して、最後は政治の話、とりわけ、民主主義の話へと跳躍して行くこととしましょう。**数学を使って民主主義を分析するのが、本章の目玉なのです。**

民主主義と数学

ところで、数学と民主主義と一口にいっても、これほど相性の悪いものも珍しいです。民主主義というのは、ご存知のように、市民の総意によって社会的な決め事をしていく政治制度のことです。多くの先進国で民主主義が採用されている現代から見れば、この制度はあたりまえの仕組みのようにも見えますが、選挙制度が確立されてから歴史がまだ浅い、というのもまた事実です。

確かに民主主義の定着は、帝王や貴族や領主など少数の人間が社会のあり方を決めていたそれ以前の社会制度と比べれば、人類にとって大きな進歩だといっていいと思います。しかし、民主主義で万事オーケーというわけにはいかないことも、よく指摘されることです。

一番わかりやすいのは、「科学的真実まで多数決で決めるわけにはいかない」、という点です。こと科学的事実については、少数の科学者の主張することを、たとえそれが市民大多数の感覚に反するものであったとしても、投票によって否定したりすることはできません。

筆者の友人から聞いた体験談を紹介しましょう。友人は、小学生のとき、こんな経験をしたのです。ある日、教員が何かの都合で授業を休み、かわりに学級委員が算数の授業をすることになりました。そこでみんなが考えることになったのは、次のような問題でした。

「立方体を平面で切断したら、切り口にできる四角形はどんな四角形か」

学級委員は、クラスメートに意見をつのりはじめました。そこで出てきた意見はみな、「立方体を切断するんだから、正方形に決まってるじゃん」というものでした。頭のよかった友人は、一人だけそれに反対しました。すると、クラスメートたちは口を揃えて、「おいおい、いつも何でもわかる頭のいい君が、どうしてこんな簡単な問題がわからないのだ」と心配までしてくれる始末です。それでも友人が説得されないので、業を煮やした学級委員はついに多数決を取ることにしたのです。もちろん、賛成大多数で「立方体の切り口は正方形」という答えが採用されることになりました。友人は、その採決を受け入れず、一人ずつ説得していきました。立方体の図解を見せて、丁寧に説明しながら、「切り口は正方形とは限らないでしょ」ということを説いてまわったわけです。

この経験がトラウマとなったのかどうかは知りませんが、数理に才能のあったはずの友人は、東大理科I類に入学したにもかかわらず、その後文科系に転じて、「思想」の道に進むことになりました。今では、日本屈指の思想の研究者となっています。

この例のように、民主主義というものは場面によってはぞっとするような結果を引き出しかねない危うさを持っています。自然科学的事実が、多数決によって歪められる、ということは世の中でめったに起こりませんが、仮に経済学を「科学」と見なした場合、経済学的な「事実」が多数決で無視される危惧は十分にあります。たとえば、不況や貿易や為替に関するある政策選択に対して、経済学の常識的結論に反するようなことも起こりうるでしょう。経済学者の結論は、それがいかに冷徹なものであっても、市民の感情的な気分を背景にした意思決定に勝ることは十分あります。専門的知見とはそういうものです。だとすれば、経済政策を民主主義で決めることは、喩えてみるなら、ある重病の患者の治療方針を、専門の知見を持った少数の医師ではなく、大多数の無知識の市民が投票で決めるようなもので、深刻な誤謬《ごびゅう》を孕《はら》んでいる可能性もあります。

不等式にとって最も重要な法則

わたしたちは、「aはbより大きい」ということを「a＞b」と書き、「aはbと等しいかより大きい」ということを「a≧b」と書くことを学校で教わりました。「＞」と「≧」

の違いは数学の初学者にはなんとなくわかりにくいのですが、無意識で日常的表現で使ったりもしています。「友だち以上、恋人未満」ということばがそれです。これは男女の微妙な関係を、「悪くとも友だち、あるいはそれよりも親しい関係かもしれないが、恋人である可能性はゼロである」ということを言い表したものです。不等式のデリケートさを巧みに利用した上手な表現だと思います。

学校ではこの「>」と「≧」の違いに加えて、「不等式の両辺に同じ数を加えてもいいよ」、とか、「不等式の両辺に正の数を掛けるのはいいけど、負の数を掛けるときは不等号の向きを逆にしないといけないよ」とか、そういう一連の法則も習いました。

しかし、これらの法則が、「友だち以上、恋人未満」のように、実生活の何かに役立った経験は全くないでしょう。筆者にとっても、不等式が最も大きな威力と意外性を発揮してくれたのは、計算法則ではなく、学校教育ではほとんど強調されることのなかった次の「推移律」という法則でした。

【推移律】

a>bとb>cが成り立つならばa>cが成り立つ

この推移律は、不等式の持っている最も基本となる性質で、「大小関係というときは、推移律が暗黙のうちに仮定されている」と思っていいです。この法則が、学校教育で強調されない理由は簡単です。この法則が、「数」の大小を扱っている限りでは当たり前すぎて、なにもことさら強調する必要を感じられないからです。a>bとb>cが成り立つということは、「aはbより大きくて、bはcより大きい」ということだから、「aはcより大きい」ということは必然。こんなトーゼンのことを、大事だとは感じようがないではありませんか。しかし、実を申せばこの法則こそが、筆者の研究する専門分野の主役なのです。ものごとの重要性を安易には決めつけられません。

図1

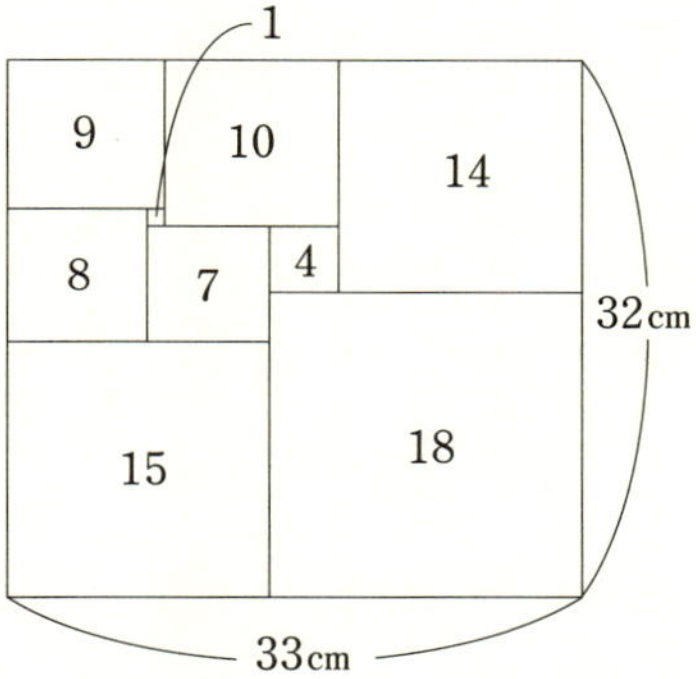

数字は各正方形の辺の長さを表している

長方形を正方形で分割するパズル

筆者の専門はおいおい語るとして、まずは、数学にだって「推移律」の面白い応用法があるんだ、ということからお話ししましょう。代数的な法則であるにもかかわらず、なんと幾何の問題で威力を発揮する、そんな例です。

長方形を大きさの異なる正方形たちですきまも重なりもなく敷き詰めることは可能でしょうか。不可能に違いない、と長い間信じられてきたのですが、可能だということが割と最近に発見されました。たとえば、縦が32㎝、横が33㎝の長方形は、図1のようにすれば、9個の相異なる正方形で敷き詰めることができることがわかったのです。また、このようなことが可能な長方形(正方形も含む)はほかにもいくつかみつかっています。けっこう数学マニアの間では有名で、難関私立中学の入試問題(小学生が受験するやつです)にも出題されたことがあります。

9個の相異なる正方形で長方形を敷き詰めることができるのは、具体的にわかったわけですが、では、それより少ない個数の相異なる正方形で敷き詰めることのできる長方形はあるのでしょうか。これは不可能であることが証明されています。つまり9個の分割が最少なのです。この証明について、「5個の正方形では不可能」ということなら、非常に初等的な方法で証明できます。その証明を紹介することとしましょう。しかも、解決の重要なカギとなるのが、「推移律」だというのだから面白いのです。

敷き詰めが不可能であることを証明するこの手筋は、「背理法」です。つまり、「敷き詰められた」と仮定してなんらかの矛盾を導きます。

いま、ある長方形Xが相異なる5個の正方形A、B、C、D、Eで重なりもすきまもなく敷き詰めることができた、と仮定しましょう。この5個の中で最小の大きさの正方形をAとします。まずすぐに、「正方形Aは長方形Xの辺にくっついていない」ことが示されます。**図2**を見てください。もしくっついていたら、隣にある正方形Bや正方形CはAより大きい正方形ですから、Aより背が高いはず。したがってAの真上に来る正方形（DかE）はAと同じ辺の長さを持たねばなりません。これは、正方形が相異なることに反してしまいます。

　そうなると、最小の正方形Aは、**図3**のように、長方形Xのどの辺とも触れず、内部にあることになります。Aの辺は4つありますから、あと4つの正方形はそれぞれこの1つの辺と接することになります。これは敷き詰めが図3

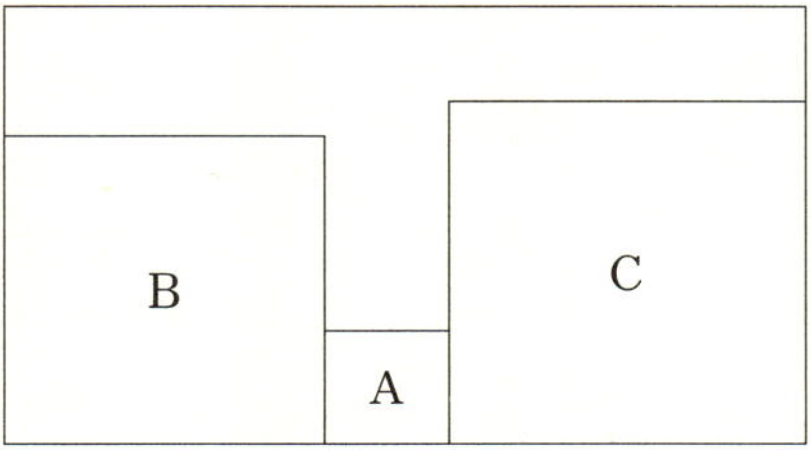

図2

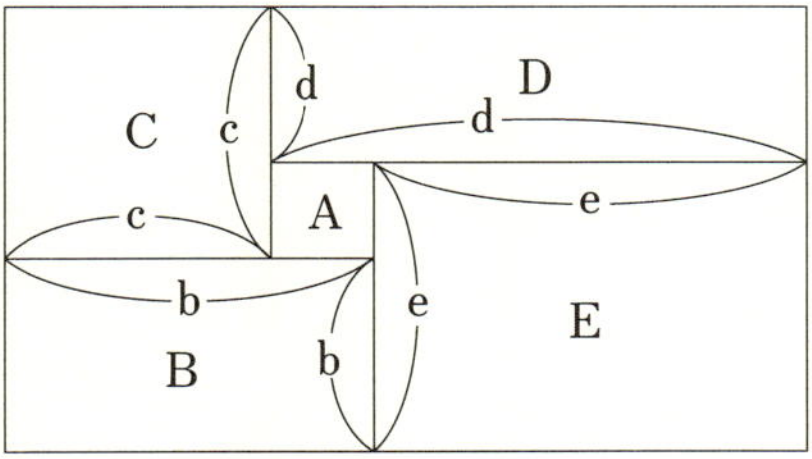

図3

のようになることを表しているわけですが、この図を眺めているだけで誰もが、ナニカおかしい、こりゃヘンだ、と思うことでしょう。そのような「気分」を明確に裏づけるもの、それこそまさに推移律、というわけなのです。

正方形Aを取り囲んでいる4つの正方形B、C、D、Eの各辺の長さをb、c、d、eとしておきます。図中の正方形BとCの関係を見ると、b＞cがわかります。次にCとDの関係を見るとc＞dがわかります。以上の二つの不等式と推移律からb＞dの関係が得られます。さらに、図のDとEの関係からd＞eがわかり、さっきのb＞dとこのd＞eからやはり推移律を使って、b＞eがわかります。最後に、正方形EとBの関係を眺めるとe＞bが得られますが、これは矛盾となります。なぜなら、b＞eとe＞bが両立するはずがないからです。

そんなわけで、長方形を5つの相異なる正方形で敷き詰めることができた、という最初の仮定がおかしい、とわかりました。つまるところ、5つの正方形で長方形を敷き詰めることは不可能、となってめでたく証明が終了するわけです。この証明では、推移律が重要な任務を果たしたことをおわかりいただけたことと思います。

推移律と経済社会との関わり

さて、冒頭で述べましたように、不等式は日常生活ではあまり役に立ちませんが、経済学の中では分析に欠かせないものになっています。それがどういうことか、ダイジェスト版で説明いたしましょう。

経済学では、人々の経済行動を「利益追求」という観点から分析します。たとえば、企業について考えるときには、このことは簡単明瞭です。企業の目的を、「**利潤最大化**」と仮定するのです。利潤というのは、「売上げ」から「費用」を引いたもので、要するに「儲け」のことです。企業がこれを最大にするような生産行動をする、という仮定をするのです。もちろんこれは、違う目的を持つ企業があることを完全に否定するものではありません。企業によっては、シェア（市場占有率）を最大にしようとしていたり、店舗数や従業員数や知名度などを目的に行動したりするものもあるに違いありません。しかし、利潤は企業の所有者である株主に分配されたり、何らかの形式で企業の資産になったりするものである限り、これを最大化するのを企業の主たる目的に据えるのは自然なことです。

したがって、経済学が企業行動を数理的に分析することは、わかりやすい設定で行うことができます。商品の価格をpとしましょう。そして、x単位の商品を生産するときに必要な費用を関数f(x)で書きましょう。このとき、利潤というのは売上げpxから費用f(x)を引いたpx − f(x)という式で表せます。これを最大化するとして、分析を展開すればいいのです。これは単なる関数ですから、あとは微分をしようが、コンピュータで計算させようが自由自在です。

ところが、消費者の行動となると一筋縄ではいきません。なぜなら、消費者は企業と違って「人間」だからです。企業はさきほどのように金銭だけを標的に行動しているといってもかまいませんが、「人間」の最終目的は金銭ではありません。簡単な話、お金は食べられません。紙幣の絵柄を眺めているだけでは楽しくはなりません。お金を商品と交換し、その商品を消費することによって、人々は喜びを得ます。消費者に喜びを与えるのは、お金それ自体ではなく、それと交換した商品なのです。さらには、同じ金額を持っていてもそれでパンを買って消費して喜びを得る人もいれば、コーヒーを飲んで喜びを得る人もいます。このように同じ金額を所持している人でも、違う消費行動をとるわけです。だから金銭タームを基準に消費行動を描写するのは、妥当ではありません。

そんなわけで、経済学が人間の消費行動を分析する方法を完成するには、けっこう時間がかかりました。定番となる理論が完成したのは二十世紀になってからのことでした。それは、「選好理論」と呼ばれる方法です。そしてここでいう「選好」とは、ズバリ、「人間の好み」、要するに「好き嫌い」を不等号で表したものなのです。

では、「選好」とはいったいなんぞや。

例を使って説明しましょう。肉２００ｇとライス１５０ｇの消費を消費Ａと呼ぶことにして、肉１５０ｇとライス２５０ｇの消費を消費Ｂと呼ぶことにしましょう。ある人が、消費Ａを消費Ｂより好むとき、それを経済学では、不等式そっくりの記号で「Ａ≻Ｂ」と書きます。ここで注意しなければいけないのは、この「消費Ａを消費Ｂより好む」という関係は、消費Ａや消費Ｂにいくらかかるか、ということとは無関係だということです。消費Ａの肉とライス、消費Ｂの肉とライスを目の前に出されて、「無料であげるから一方だけを選べ」といわれたときどっちを選ぶか、それを表すものに過ぎません。ここで、不等号「＞」に対応するのが記号「≻」で、「≧」に対応するのが記号「≿」なのです。

このような「好み」を表す大小関係「≻」を、経済学では「選好」と呼びます。そして、この選好に最も基本的な性質として、「推移律」を課すのです。選好に関する推移律とは、次のようなことです。

「ある人が、消費Aを消費Bより好み、消費Bを消費Cより好むならば、この人は消費Aを消費Cより好む」

これをさっきの記号で書くなら、

「Ａ≻ＢとＢ≻Ｃが成り立つならＡ≻Ｃが成り立つ」

というふうになります。経済学では、消費者が合理的なら、消費に関する好みはこのような推移律を満たすだろう、そう想定しているわけです。

このような「選好≧」を仮定することで、経済学は消費者についても、企業と同じように、その経済行動を数理的に表現することができるようになりました。たとえば、「ある消費者が予算M円で肉とライスを消費するとき、どんな量を購入するか」という問題に答えることにしましょう。肉、ライスの価格を1単位あたりそれぞれp円、q円とするとき、予算Mで購入可能な肉とライスの組み合わせをそれぞれx単位、y単位とすれば、これらは$px+qy=M$という式を満たします。ですから、消費者はこの式を満たす0以上のx、yのペア(x,y)の中から消費の選好「≧」で測って一番「大きい」、すなわち、「一番好ましい」ものを選ぶ、と想定して消費モデルを作るわけです。わかりにくくなることを覚悟して、もっときちんと書くなら、

「求める最適消費(x^*,y^*)とは、$px+qy=M, x\geqq 0, y\geqq 0$を満たすペア$(x,y)$の中の一つであり、なおかつこれを満たすすべての$(x,y)$に対して$(x^*,y^*)\geqq(x,y)$が成立する」

こういうことになるのです。

選好に対して推移律を仮定するのは、そうでないとこの「選好最適化」が意味をなさなくなってしまうからです。「消費Aが消費Bより好ましく、消費Bが消費Cより好ましい」

とき、「消費Aが消費Cより好ましい」と言えなければ、「最も好ましい」という概念は定義されえません。このことは「じゃんけん」を想像していただけるとわかりやすいと思います。「人」を「強い」を表す記号とすると、これは推移律を満たしません。「グー ≻ チョキ」「チョキ ≻ パー」「パー ≻ グー」のように、三すくみになっているからです。このような「人」には「最強」というものは存在しえませんね。このように、人間の利益追求行動を整合的に分析するには、選好の推移律は不可欠なのです。

この「選好」という考え方が非常に便利なのは、肉とライスの消費に限らず、もっと様々な行動選択に応用できることにあります。たとえば、「人がどんな職業を選ぶのか」、についてもこの方法で数理的に表現することができます。職業の選択には、賃金以外に、その仕事の大変さ、格好良さ、将来性など、さまざまな基準があるのでしょうが、労働者はこれらの要素を総合した上で、職業たちの間に個人的な選好関係を作り、自分に選択可能な職業の中から、その選好で測って最も「好ましい」職業を選ぶ、そう設定すれば消費の理論をそのまま職業選択の理論に置き換えることができます。

さらには、「人が貯金や借金をどのくらいするか」、といった分析にも有効です。人は限られた収入を、今の消費xと将来の消費yに配分します。その最適な配分をどう決めるかというとき、その現在、将来の消費量のペア（x, y）に対する内面的な選好を最大化するように配分を決める、とすればいいわけです。

このように、企業の行動を「利潤最大化」、家計や個人の行動を「選好最適化」とした上で、経済学は**「一般均衡定理」**というものを証明しました（証明には前章で述べましたように距離空間の考え方が使われます）。これは、「市場取引を通じて、与えられた資源に矛盾しない形で、企業の利潤最大化と個人の選好最適化が可能である」、という内容の定理です。古典的な経済学の最高の成果の一つだと言われています。これについては、次の第4章で別の角度から解説をすることにします。

もちろん、このような選好の考え方を野放図に拡張するのは非常に危険です。たとえばこの選好理論は、人の結婚行動や犯罪行動、信心行動など、さまざまな社会事例にも形式的に当てはめることが可能で、実際にそういう事例に選好を持ち込んだ研究もあります。たとえば、殺人の快楽と見つかったときの懲罰による苦痛とを内面的な選好で比較して、人は殺人を行うかどうか決定する、といった議論です。しかし、多くの読者はこのような考え方に不快感を覚えることでしょう。選好による方法論は、どこかで倫理的な歯止めをかけないと、粗暴な逸脱を犯すことになりかねません。

社会選択の問題に応用する

この「選好理論」を、「どんな社会が市民にとって望ましいか」、という社会選択の問題に応用したのが、ケネス・アローという経済学者でした。アローは、選好理論を使って、「民主主義」の成立条件について分析しました。このアローの研究は、深い洞察に満ち、また数学的にも均整の取れた分析であると、高い評価を受けているものです。このアローの理論について、順を追って説明していくことにします。

民主主義というのは、簡単に言えば、社会制度を市民の総意で選択していくシステムだということができますが、具体的にどういうやり方で選択していくか、そこにはいろいろな難しい問題が横たわっているといえます。

現在、大多数の民主国家では「投票による多数決」を基本に、社会的な決定が成されていますが、これはベストな方法でしょうか。何度か選挙を経験された読者諸氏なら、投票が必ずしも民意を正確に反映するものではない、そういう実感を得ていることと思います。「投票による多数決」が問題点を持っていることは、古くから指摘されていました。たとえば、十八世紀の哲学者コンドルセがすでにこの点に注目しています。本書では、次のような具体例で、多数決の問題点を説明することにしましょう。

いま、3人の人物Xさん、Yさん、Zさんが、3人でピクニックに行くとして、3つの候補地P、Q、Rの中から一つの場所を選ぶことを考えます。候補地について、3人は次のような「好みの順位」を持っていると仮定しましょう。経済学では、前に述べたように記号「≻」を使うのですが、一般の読者の方にもなじみやすいように、ここからは数学の不等号「>」で代用することにします。つまり、「P>Q」は、「PのほうがQより好きである」ということを表していることにします。仮定は以下です。

Xさんの好み…「P>Q, Q>R, P>R」
Yさんの好み…「Q>R, R>P, Q>P」
Zさんの好み…「R>P, P>Q, R>Q」

ここで、どの人の好みもそれぞれ「推移律」を満たしていることを確認しておきましょう。たとえば、Xさんの場合は、P>Q, Q>Rという好みを持っているので、推理律が成り立つためには、P>Rが成り立たなければなりませんが、たしかにそうなっています。他の2人については読者が確認してみてください。つまりここでは、3人の好みは、推移律が成り立つ程度には「合理的」であると、設定されていることになります。このとき、今度は候補地P、Q、Rに対する「**集団としての好み**」を、**3人が「投票による多数決」で決めたら**どうなるかをみてみましょう。その方法は、「候補地2つを並べどちらがいいか二者択一の投票をして多数決で決める」、というものです。

まず、PとQに対して投票を行うとしましょう。この2つの候補地について、3人の好みの順位を抜き出すと、Xさんは$P > Q$、Yさんは$Q > P$、Zさんの好みは$P > Q$ですから、2対1で候補地PがQに勝って選出されることになります。つまり、「集団」としてはPをQより好むことに決まったわけです。集団の好みと個人の好みとを記号として区別するために、不等号の右上に＊をつけて「$P >^* Q$」と記すことにしましょう。

次に、QとRに対する「集団としての好み」を投票で決めます。このときはXさんとYさんがQに、ZさんがRに投票するので、2対1で「$Q >^* R$」が決定します。同じように、PとRに対する投票結果も考えましょう。これはYさんとZさんがRに、XさんがPに投票するので、2対1で「$R >^* P$」と決まります。

では集団の好みであるこの三つの不等式を並べてみることにします。

$$P >^* Q \qquad Q >^* R \qquad R >^* P$$

これを眺めると、「集団としての好み」である「$>^*$」は推移律を満たさないことが一目瞭然でわかります。もしも推移律が成立するなら、前の二つから三番目と反対の関係を表す不等式が導かれなければならないからです。

このことから実に面白いことがわかります。X、Y、Zという3人の個人について、おのおの内面的な好みを表す選好がそれぞれ推移律という合理性を持っていても、3人の投票によって決まる「集団の選好」が推移律を持たない場合がある、ということです。つまり、「個人の合理性」が投票を通じて「社会の合理性」へと反映されるとは限らないわけです。

二者択一ではなく点数投票にしたらどうか

以上は、多数決投票による民主主義というものが、ある意味では合理性を逸するかもしれない可能性を指摘したものです。しかしここで、読者の中には、「二者択一の多数決投票をするから悪い」と考える方がおられるかもしれません。「たしかに現在の選挙制度は、最も好む候補に1票を投じる形で行われているが、ほかにも投票のやり方はあるはずだ。たとえば、候補全部に対して点数をつけて合計点で順位を決めることもできる。こうすればまぎれはなくなるのではないか」。そういう考えが浮かんでもふしぎではありません。

さきほどのピクニックの例でいうなら、一番好ましい候補地に3点、次に好ましい候補地に2点、一番好きでない候補地に1点、という形で投票して、投票された点数の合計で候補地の優劣を決める、というような方法です。もしも投票方法をこのように変更すると、結果は当然異なってきます。Xさんの好みは「P>Q, Q>R, P>R」ですから、Pに3点、Qに2点、Rに1点投票します。YさんはQに3点、Rに2点、Pに1点を投票します。そして、Zさんは、Rに3点、Pに2点、Qに1点、投票します。結果は、P、

図4

候補＼投票者	X	Y	Z	W	合計点
P	3	1	2	1	7
Q	2	3	1	2	8
R	1	2	3	3	9

Q、Rのいずれの候補もみな6点ずつを得て、同点になります。つまり、集団としては「3つの候補は甲乙つけがたい」という結果になるわけです。すると、不等式で書けば「$P \geqq^* Q$, $Q \geqq^* P$, $Q \geqq^* R$, $R \geqq^* Q$, $R \geqq^* P$, $P \geqq^* R$」の六種類の不等式がすべて成り立つことになり、それゆえ推移律は成立しています。たしかにこれなら推移律との矛盾は起きません。

この例だと3つの候補が同点になってしまうのでいまいち仕組みがわかりにくいでしょうから、もう一人投票者Wさんを加えて、4人の点数投票によって、候補地P、Q、Rへの集団の選好を決める仕組みを観察することにしましょう。

いま、点数投票の結果が図4のようになったとします。

まず、各人の選好が推移律を満たしていることを確認しましょう。好みが点数の大きさで表現されており、「数の大小関係」は必然的に推移律を満たすのだからこれは当然です。したがって、合計点の比較によって出てくる集団の選好、この場合、$R >^* Q$, $Q >^* P$, $R >^* P$となりますが、これも同じように推移律を満たし

図5

候補＼投票者	X	Y	Z	W	合計点
S	2	3	1	1	7
P	4	1	3	2	10
Q	3	4	2	3	12
R	1	2	4	4	11

ます。繰り返しになりますが、「数の大小関係は推移律を満たしている」からです。

以上のように、「点数投票」によって集団の選好を決めれば、推移律という合理性は反映されることになったわけです。

独立性の条件を導入すると

以上を理解した読者は、二者択一投票よりも点数投票のほうが合理性のある方法であるような気分になったでしょう。実際、点数投票なら集団の選好においても常に推移律は成立します。それなら、この点数投票で万事オーケーなのでしょうか。実はそうは問屋がおろさないのです。

このことを説明するために、さっきのピクニック候補地選びのモデルに、4つ目の候補地Sを加えてみることにします。X、Y、Z、Wの4人は1点から4点までの点数を投票することになり、図5のような投票結果が得られたとしましょう。

ここでまず、P、Q、Rについての選好は、どの人に対しても前と同じであることを確認しましょう。たとえば、Xさんの好みが、(投票している点数は違っても)P、Q、Rの順であることは同じで、他の3人についても同じです。しかし、合計点から導かれる集団の選好関係でおかしなことが起きていることが見てとれるでしょうか。前の投票では$R \succ^{*} Q$であったのに、今度の投票では$Q \succ^{*} R$と逆転してしまっています。つまり、**候補地にSがないときのQとRに対する集団の好みと、候補地にSが入った場合のQとRへの集団の好みとは、逆になってしまった**のです。これはおかしくないでしょうか。もしもこのようなことを許すなら、消去法によって、選択をしていくことができなくなりそうです。Sが選択肢にあるかないかわからない時点で、RかQかどちらかを候補から落としてしまうと、選択肢の中にSがあることが判明したとき、「あれ? 好きなほうをすでに落選させてしまっているぞ」ということで頭を抱えることになりかねません。

このようなことが生じる投票方法が合理的だといえるでしょうか。合理的な選好においては、QとRという候補に関する好みの順位は、Sという候補が入るか入らないかで変わらない、としておくほうが安全でしょう。これは「独立性」と呼ばれる性質です。点数投票によって集団の選好を決めると、上で見たように、独立性が満たされず、ある意味で非合理な選択を許してしまうことになるわけです。

アローの一般可能性定理

これまでの解説で、二者択一投票による集団の選択が推移律という合理性を満たさないこと、点数投票による集団の選択が独立性という合理性を満たさないこと、が明らかになりました。ここで「民主主義的な選択」というものが、集団の選好が推移律や独立性を満たすように決められなければならない、と規定すれば、少なくとも二者択一投票と点数投票は民主主義的な選択方法ではない、ということが明らかにされたことになります。

このような一連の分析を発展させて、経済学者ケネス・アローは、民主主義を可能にするうまい社会的な選択方法があるかどうかを考えました。社会的な選択方法とは何かということをきちんと理解したい人のために、少し数学的に丁寧に定式化してみることにします(わずらわしい人は飛ばして読んでもかまいません)。

まず、市民に番号をつけて{1, 2,…, n}としておきましょう。そしてn人の市民が、集団として、選択肢(候補)の集まり{p, q, r,…}の中に好ましさの順序を決めるとします(先ほどの例でいうなら、ピクニックの候補地に好みの順位を入れること)。その「決め方」というのは、「市民各人の選好たちから、集団の選好への関数」という形で定義されます。喩えていうなら、こんな手続きです。まず、すべての人に対して、選択肢たちに対する個人的な好みの順位を書類に書いてもらいます。それらの書類を集めて、計算機にインプットします。すると、計算機は決まった規則で、「集団としての好み」を一つはじき出します。そんな固定された計算機を想像すればいいのです。決まった規則というのは、たとえばさきほど解説した二者択一投票でもいいし、点数投票でもいいし、その他どんな規則を持ってきてもかまいません。

つまり、番号1の市民の好みが「$p \succ_1 q, r \succ_1 q, \cdots$」などと決まり、番号2の市民の好みが「$q \succ_2 p, p \succ_2 r, \cdots$」などと決まり、という具合に1～nすべての市民について個人的な好みが決まったら、それに対応して集団の好みがたとえば「$p \succ^* q, r \succ^* q, \cdots$」などと一つに決まる、という関数です。市民たちの好み「$\succ_k$ $(k=1, 2, \cdots, n)$」が変われば、集団の好み「$\succ^*$」もそれに応じて変わり、それが関数によって1対1対応させられているわけです。アローが考察したのは、このような集団の選好を決める方式（関数）の中で、さっきの推移律と独立性の条件にあと三つを加えた五つの条件を満たすものが存在するかどうかでした。この五つの条件を列挙すると、以下のようになります。

〔条件I　推移律〕　導かれる集団の選好$\succ^*$は推移律を満たす。

〔条件II　正反応〕　候補pとqに対して、いま$p \succ^* q$であるとせよ。このとき、市民たちの好みが変化して、どの市民kの好みにおいてもpの好みの順位が相対的に上がった場合、集団の好みは相変わらず$p \succ^* q$を満たす。

〔条件III　独立性〕　候補p、qについて、集団の選好が$p \succ^* q$であるか$q \succ^* p$であるかは、市民たちのpとqに関する好みだけから決まり、他の候補rへの好みとは無関係である。

〔条件IV　市民主権〕　どんな候補pとqについても、市民の好みの組み合わせによって、$p \succ^* q$も導かれるし、$q \succ^* p$も導かれる。

〔条件V　非独裁〕　集団の選好$\succ^*$が、ただ一人の市民kの選好$\succ_k$といつも一致していてはいけない。

ちゃんと数学的に表現したために、かなり抽象的な記述になってしまいました。そこでピクニックの候補地の例を使って、もう少々補足の説明をしましょう。〔条件II〕は、みんなの好みが急に変わって、ある一つの候補地が誰にとっても好ましさの順位を上げた場合、集団の選好においてもその候補地は順位が上がる、ということを意味しています。みんながより好感度を増したはずの候補が、集団の選好では逆に順位を落とすというのは変ですから、これは合理的な仮定だといえます。次に〔条件IV〕ですが、これは、市民たちの好みがどう変わっても、集団の好みにおいて変化しないような候補があってはいけない、ということを意味しています。たとえば、夏のピクニックだよといわれると、集団としてpをqより好ましいと決定し、冬のピクニックだよ、といわれれば、逆にqをpより好ましいと決定する、そういうことにならないのでは民主主義とはいえないでしょう、そういう条件だと理解してください。最後の条件は、まさに民主主義の条件にふさわしいものだということができます。ある一人の市民kの好みでものごとの順位がすべて決まってしまってはいけない、という条件だからです。k以外の市民がどういう選好をもっていようが、集団として決まる好みはいつも市民kの好みの順位と一致している、こういう独裁を許さない条件です。

このように十分かみしめてみれば、アローの設定した五つの条件は、「民主主義的な集団の選択の方法というものが仮に存在するとするなら、それはこれらを満たすべきだろう」、というものであることに異論のある人は少ないでしょう。

さて、アローは「民主主義的な社会選択」というのを以上の五つの条件で規定した上で、次のスゴイ定理を証明してしまいました。それは、

【アローの一般可能性定理】

個人の選好から集団の選好を決定する方式（関数）で、決定された集団の選好がこの5条件を満たすような方法（関数）は存在しない

というものです。読者のみなさんも、度肝を抜かれたことと思います。荒っぽい言い方をすれば、アローは、「民主主義的な選択というのはどうやったって不可能だ」、そういうとんでもない定理を数学的に証明してしまったことになるわけです。

アローの証明を再現することは本書のレベルを超えますからあきらめますが、この定理は「2人の市民と、3つの候補」に対して、すでに存在できないことが示されることは付記しておきます。こんな少数の集団と少数の選択肢に対しても存在していないのですから、一億人もの国民と無数に近い社会の選択肢たちに対してでは、もっとアリエナイであろうことは、火を見るより明らかなことです。

数学と民主主義の可能性

アローの一般可能性定理をどう解釈するかは、人それぞれだろうと思います。ある人は、「民主主義なんて、きれいごとにすぎないんだ」と絶望するかもしれません。また、ある人は五つの条件を検討し、そのいくつかは、民主主義の必要条件として不適当である、と判断し、民主主義の可能性に望みをつなぐかもしれません。

しかし、筆者がここで強調したいのは、アローの分析が、思想的な主義主張からなされたものでもなく、また、歴史をひもといて類推したものでもない、という点です。アローの定理はあくまで数学の定理であり、仮定と結論と証明から成っています。ですから、その扱いは簡単明瞭です。結論を否定したいなら、仮定に検討を加えて、現実との齟齬を指摘すればいいのです。あるいは逆に、結論を受け入れて民主主義の不可能性を納得し、仮定の五つの条件のいくつかを緩め、民主主義というものをもう少し広く捉えて、その延命をはかればいいわけです。**数学で社会を分析するときの良さは、イデオロギーや価値観の対立でない形式で、冷静に論理的に議論できること**にあります。アローの研究の価値は、民主主義の是非に対する直接の結論にあるのではなく、そのようなクールな議論の方法を切り開いたことにあるといえましょう。

　はてさて、本章冒頭では相性の悪いはずだった数学と民主主義が、章の終わりにはこんなふうな意外な間柄を見せてくれたわけですね。

第４章　神の数学から世俗の数学へ

神の数学

神の数学などというタイトルを読んで、のけぞった読者もおられると思います。しかし、神と数学とは、古くから切っても切れない関係にあったといってよいでしょう。

たとえば、中学のときに習う「ピタゴラスの定理」（要するに、直角三角形の斜辺の平方は、直角をはさむ二辺の平方の和になる、というやつ。205ページの図10）の発見者である、あの有名なピタゴラスは、紀元前六世紀ぐらいの人で、数学者というよりは、そのまんま宗教家だったのです。ピタゴラスは、エジプトやバビロニアに留学した後、学校を開いたのですが、それは、どちらかというと「教団」と呼ぶべきもので、つまり、政治的宗教的結社だったのです。最後は反対派の焼き討ちにあって死んだ、と伝えられているようで、宗教弾圧と呼んでもいい死に方だったと思います。

数学者の伝記を読むと、ピタゴラスだけでなく、少なからぬ数学者が、宗教的な信念を持っていることが見て取れます。みごとな数学法則は、宇宙の構造を簡潔に表現しており、それらを発見することこそ神への接近を意味する、と考えたからではないでしょうか。

歴史の教科書をひとたびひもとけばわかる通り、文明の歴史は、宗教の歴史であると同時に数学（を含む科学技術）の歴史でもあることがわかります。もちろん、宗教の発展・転換と数学のそれとは、直接的には無関係だと考えることもできるでしょう。文明が発達している、ということは、要するに経済が発達している、すなわち豊かであることですから、そういう時代には、数学者などというあまり実務能力のない人々をたくさん抱えて食べさせていくことができる、そういうふうに解釈することも可能です。

たしかにそこに一理あるかもしれませんが、一方では、宗教と数学が、経済的「余裕」を経由する関係だけでなく、精神作業の面でつながりを持っているという考え方を、切って捨てることもまたできないでしょう。宗教の上で変革が起きる、ということはきっと、人間の「ものごとの見方・考え方」が大きく変わることを意味しているに違いありませんから、そのような人間の知的転換は、数学の進歩にも大きな影響を及ぼすのは間違いないと思えるからです。

実際、十二世紀のアラビアの数学者ウマル・ハイヤーミー（歴史の教科書では詩人として有名）は、若い頃は愛と自由を称賛する思想を持っていましたが、迫害されたため、晩年はメッカに巡礼し、著作の数学書はすべてアラーの神に捧げることばから始まっているそうです。また、十七世紀のパスカルやデカルトは、晩年に宗教と数学をミックスした著作を書きました。さらには、彼らよりちょっと後のニュートンも、ライプニッツも、十九世紀のカントールも、二十世紀のアインシュタインまでも、自分の科学的発見に関して語るとき、神のことを持ち出しています。一部の数学者たちは、明らかに「神」というものを意識して、数学研究を行っていたわけです。

デカルトの論法

神さまと数学のつながりとして、最も直接的であり、かつ最もかっとんだものに、**「神の存在証明」**というのがあります。これは、なんという大胆なことか、「神さまが存在する」ことを「数学的に証明」しようとする、というすごい試みなのです。しかも、その方法は「論証」という手続きを用いるというのだからスゴイです。「論証」というのは、第1章で説明しましたように、「ならば」の推論規則を使って、論理文をつなげていく手続きのことです。

古代や中世にもこのような「論証」の方法で「神の存在証明」を試みた学者もいたらしいですが、非常に有名なのは、十七世紀にデカルトが行った方法です。デカルトは『方法序説』(一六三七年)や『哲学原理』(一六四四年)の中で、「神が存在すること」を「証明」しています。その「論証」の手続きは、形式的には、非常に簡単な三段論法にまとめることができるのです。

三段論法というのは、皆さんはすでにご存知のことと思いますが、念のために解説すると次のようなものです。二つの論理文

Aならば B　…①

Bならば C　…②

があるとき、この①と②から、三つ目の論理文

Aならば C　…③

を導いてよい、という推論規則のことです。この「三段論法」は、第1章で解説しました「Aと（AならばB）から、Bを導いてよい」という「ならば」の推論規則から演繹《えんえき》される法則です。ここで、①と②が真とわかるなら、③も真であるとわかることになります。

一例をあげてみましょう。

（現代新書を読む）ならば（数学が好きになる）　…①

（数学が好きになる）ならば（仕事がうまく行く）　…②

この二つの文から、次の文が導かれます。

（現代新書を読む）ならば（仕事がうまく行く）　…③

③だけ読んで喜んではいけません。「①と②から③が導ける」ということから、「③が正しい」とは直接には結論できません。推論規則というのは、論理展開の操作方法を与えた

ものであり、正しいかどうかという内容にかかわることは、そこにどんな「意味」を与えるかにかかわるからです。この場合、「①と②が真なら、③も真」なのだということを忘れてはいけません。これは、第1章で述べた「セマンティックス」と「シンタックス」の違いです。

では以上を踏まえて、デカルトによる「神の存在証明」を見てみましょう。次のような三段論法なのです。

（xが神である）ならば（xは完全である）　…①
（xが完全である）ならば（xは存在する）　…②

この①と②から

（xが神である）ならば（xは存在する）　…③

これがデカルトの「論証」の根っこをまとめたものです。

さきほど念を押しました通り、①②から③を導いただけでは「③が正しい」かどうかはわかりません。「③が正しい」ことを確かめるには「①も②も正しい」ことを確かめねばならないのでした。

我思うゆえに我あり

では、デカルトは、どうやって①と②が正しいことを論証したのでしょうか。まず、①は「神というものの定義」と考えています。定義というのは、ことばや属性についての「とりきめ」のことです。神を完全なものと「とりきめ」たのですから、①が正しいのは明らかです。次は②ですが、こっちはちょっと理屈的には苦しいのです。デカルトは、「完全なもの」であるなら、それは性質として「存在する」ということを持っていなければいけないだろうと、考えています。もしも存在していないなら、存在していない、といいだろう、というわけです。この発想は、デカルトのオリジナルではなく、長く論じられてきた伝統的な考え方です。たとえば、スコラ哲学者アンセルムスという人が最初にこの発想を提示したのだそうです。

このことをデカルトは、彼のオリジナルの議論で、もう少していねいに説得していますうまさにその点で欠けている部分があることになり、それでは「完全である」とはいえな

このことをデカルトは、彼のオリジナルの議論で、もう少していねいに説得しています。デカルトの思想として有名な「我思う、ゆえに、我あり」、もっとひらたくいうと「私は考える、それゆえ、私は存在する」という、まさにこのことを基点にするのです。デカルトは、人間はさまざまなことを「考える」ことができる。「思いめぐらす」ことができる。まさに、それが「自分が存在している」という証拠である、といっています。自分の存在は、肉体とか細胞とかではなく、精神が行う「思考」に立脚している、としてい

るわけです。

このことをとりあえず認めるとすると、「自分という人間が存在している」ことになります。しかし、自分はまだいろいろなことを疑っています。その一つとして、自分の存在にさえ疑問を持っていました。何かを疑う、ということは、「完全ではない」ということの表れだと、デカルトは考えます。つまり「自分は不完全」なのです。すると「不完全である自分さえも、存在している、という属性をもっているのに、完全であるものがその属性を持っていないわけはない」、したがって、「完全なものは、その属性として、存在している」、そう説得してくるわけです。納得するかどうかはともかくとして、非常に面白い議論だと思えるでしょう。おおよそこんな論法で、デカルトは①と②の正しさを確認したのでした。

スピノザの神学と資本主義経済の調和

このデカルトの方法に影響を受けたスピノザという人が『エチカ』という本を書き、本人が亡くなった一六七七年に出版されました。この本では、「神の存在証明」が、デカルトよりもずっと徹底した論証形式で展開されています。スピノザはこの本の第1部「神について」のところで、最初に八個の定義（ことばや概念のとりきめ）と七個の公理（ルールや規則のこと）から、幾何学と同じ論証方式で定理を次々と展開して、定理11のところで「神は存在する」を証明し、その後、定理15に至って、「すべて在るものは神のうちに在る、そして神なしには何物も在りえずまた考えられえない」を証明してしまいました。

しかし、このスピノザの論法をながめるに、筆者には正直なところ、全く荒唐無稽《こうとうむけい》とか思われないのです。たしかに、手続き的には幾何の論証と全く同じです。幾何は有意義な「科学」とし、『エチカ』は無意味と思う、この感覚はいったいどこからやってくるのでしょうか。

たぶんここに、第1章でお話しした「セマンティックス」と「シンタックス」の問題が色濃く現われてきているのです。スピノザの方法は、「シンタックス」としては全くもって正しいのです。それは扱われている文の真偽とは無関係に、「推論としての手続き」には問題がないことを表しています。しかし逆にいえば、それは推論の形式が合っているだけであって、提供される個々の文の真偽（経験科学としての真偽）とは、全く別問題です。さらには、こういった数理論理的な推論の方法が、わたしたちの日常の推論や経験とどこか齟齬を持ったものであることも、災いしてくるはずです。わたしたちは、「ならば」の推論に、因果関係やその他の外的要素（経験科学的な要素）を感じ取るからです。スピノザの議論から筆者が感じる違和感は、「ならば」の用法をつないで行くうちに、推論一つずつで生じる日常感覚との微小な誤差が、積もり積もって、最終的には無視できないほどの亀裂を生み出すからではないかと思います。

スピノザの神学について、森嶋通夫という著名な経済学者が面白いことを言っています。かつてアロー（民主主義の章で登場した人物）とドブリューという経済学者が、前章でも触れた「一般均衡定理」というものの完全証明を与えました。これはまあ、ひらたくいうと、「資本主義の経済制度のもとでは、価格をつけてすべての商品を市場取引することを通じて、どの企業もどの消費者も所有している資産を利用して得られる中で最大の利益を得られ、しかも資源の配分に矛盾が起きない、そういう理想的な状態（均衡という）が実現される」ということです。ここで、企業の利益というのは、単純に利潤（利益から費用を引いたもの）で、消費者の利益というのは、第3章で解説した「選好」の意味での最適な消費ということを意味しています。

森嶋は、『思想としての近代経済学』（岩波新書）の中で、この一般均衡定理の証明について、「形式的にはスピノザの証明と全く合同である」、といってのけました。さらには注で、「神の存在さえ証明できるのだから、存在することが証明された均衡解にどれだけの意味があろうか」という辛辣《しんらつ》なことまで語っています。森嶋の気持ちは、よくわかります。森嶋は、スピノザの議論を、「最初から予定調和的に神の存在を導出できるように手前勝手な定義や公理を持ってきている」とみなしているのだと思います。だから、最初から「市場経済がうまくいく」という下心を持って、予定調和的に仕組んだ定理は「科学」とはいえない、と考えているのでしょう。経済学が科学として何か実のある結果を提出するには、数理論理として正しい推論形式を備えているだけではなく、何か外部の経験的な科学にバックアップされているべきである。そう言いたいのだと思います。

このことは、経済学だけではなく、数学についても妥当します。幾何学は、我々が住む空間に対する経験的な直感から、前提が作られてきたと言っても過言ではありません。たとえば、地球が平面だと信じられていた時代には、ユークリッドの前提(ある点を通って、ある直線に平行な直線が一本だけある)は当時の人々の経験から当然のものだったのでしょう。

しかし、地球や宇宙に対する知識が進歩した現代では、非ユークリッド的な前提(平行線が複数あったり、なかったりする)が提出されるのは、自然なことですし、またそのような経験的な知見からの進歩こそ、数学には必要なのです。このことは、第2章で展開した距離空間の話などを見ても確認できることです。つまり、数学の進歩は、「神学」に留まるものではなく、生々しい経験認識と密接に繋がっているのではないでしょうか。

パスカルは確率を利用した

デカルトとほぼ同じ時代を生きた数学者に、パスカルという人がいます。幼少から数学の才能を発揮し、神童として有名でした。射影幾何学の定理（パスカルの定理）や浮力の原理（パスカルの原理）、順列・組合せの公式（パスカルの三角形）など、後世に名を残すたくさんの業績をあげました。

パスカルは、いつも神経を痛めるほどに勉強してしまうため、医者に「もっと遊ぶように」と助言され、社交界に出入りするようになったそうです。そこでメレという博徒と知り合いになります。そして、メレから賭博についての質問をされたことをきっかけに、親友のフェルマー（第2章の最後にちょっと出てきた「フェルマーの最終定理」の発見者）とともに、確率の考え方を築き上げていくことになりました。遊びに行っても結局勉強ネタを拾ってしまうというのは、いかにもパスカルらしくて、笑える逸話です。

そのパスカルは、一六五四年に馬車の事故に遭います。乗っていた馬車が暴走して川に落ちたのですが、パスカル自身は放り出され奇跡的に助かったのです。この体験から、パスカルは「神秘的なるもの」へひきつけられていき、学問をやめて修道院に入りました。そこで神や宗教についての思索をめぐらし、その成果が死後に『パンセ』（瞑想録）という書名で出版されることになったのです。

パスカルはデカルトと面識があり、しかもデカルトのことを嫌なやつだと思っているふしがあったそうです。そういうデカルトへのライバル心からかどうかは知りませんが、『パンセ』の中で自らも「神の存在証明」を試みたのでした。しかも、その方法論は、確率を使う、というかなりとっぴなものでした。

期待値という賭けごとの基準

パスカルの「神の存在証明」には、確率における「**期待値**」が使われます。期待値は、序章で、棒グラフの一例としてすでに簡単に解説してありますが、ここでもう一度詳しく説明し直すことにしましょう。

みなさんは、次のクジAとBのどちらか一方だけをもらえるなら、どちらを選ぶでしょうか。

クジA：確率0.5で1等5万円、確率0.5で2等2万円を得られる
クジB：確率0.3で1等8万円、確率0.7で2等1万円を得られる

二つのクジを比べると、Aに対してBは、高いほうの賞金額は大きくなっていますが、その確率は低くなっています。選べといわれても、悩んでしまうことでしょう。このような選択問題を解決するために、数学者たちは、「期待値」という基準を考え出しました。

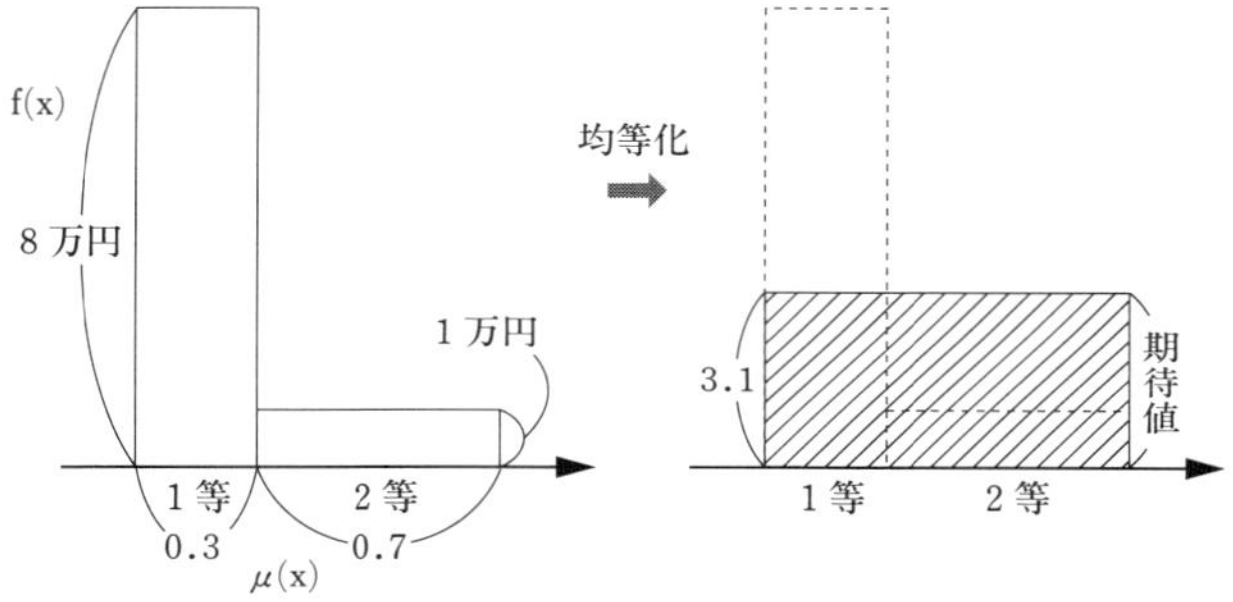

それは、クジに対して、

（賞金額）×（それがもらえる確率）の合計

を計算して、その数値が大きいほうのクジを選ぶべき、という基準です。この計算式は、序章の式を利用して表現することができます。1等、2等などの等級の集まりをNとするとき、Nに属する等級xの賞金をf(x)、xを引く確率をμ(x)と書けば、この計算式は

$$\sum_{x \in N} f(x)\mu(x)$$

と書けます。また、等級が無限に細かいものを扱うなら、積分を使って、

$$\int_{x \in N} f(x)\mu(dx)$$

と書くことができます。本書をここまで読んだ方なら、こういう式にすでにアレルギーはなくなっているはずですね。

この期待値の大きい行動を選択することを「期待値最大化行動」と呼びます。先ほどの例の場合では、

図1

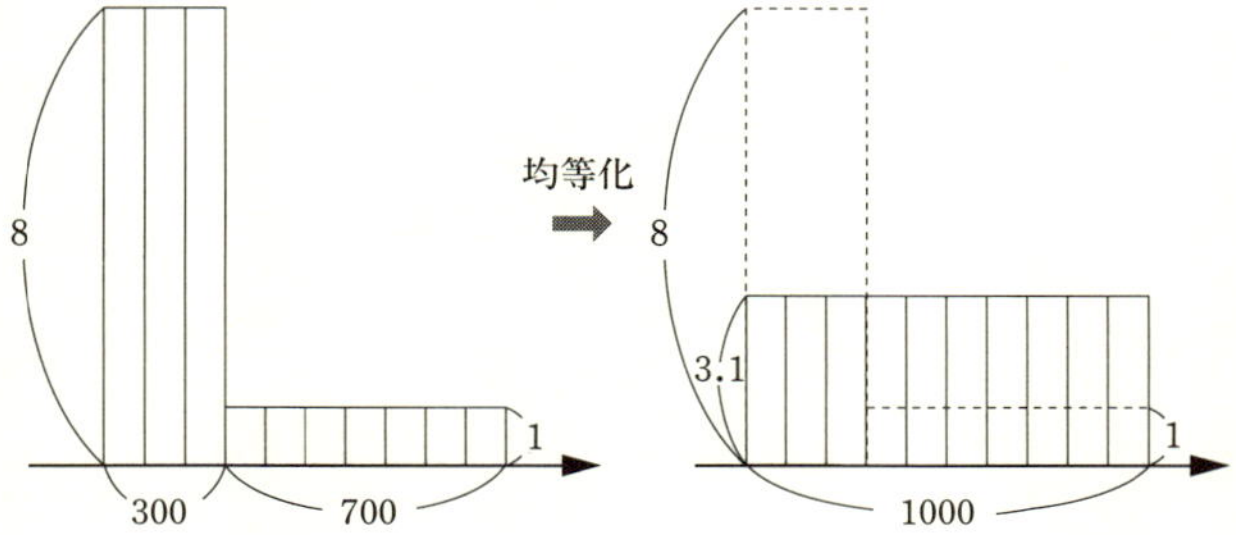

（クジAの賞金の期待値）＝5×0.5＋2×0.5＝3.5
（クジBの賞金の期待値）＝8×0.3＋1×0.7＝3.1

となりますから、期待値最大化行動をするなら、クジAを選択する、ということになるのです。

この「期待値最大化行動」という行動基準には、どんな根拠があるのでしょうか。序章の説明の繰り返しになりますが、「同じ選択に数多く参加するなら、この基準に従ったほうが数学的に有利である」ということなのです。なぜなら、たとえばクジBを1000回引くとすると、おおよそ300回ほど8万円の賞金を得て、おおよそ700回ほど1万円を得ると想定できます（これは「大数の法則」と呼ばれます）。このときの賞金総額は、

8×300＋1×700＝3100万円

となりますが、この両辺を1000で割って、1回平均の賞金獲得額に均等化させてみると、8×0.3＋1×0.7＝3.1となり、さきほどの期待値の計算と一致するわけで

す。このことを「棒グラフをならして均等にする」といい、それを図解化したものが図1です。つまり、「あるクジを数多く選択するときは、1回平均の期待値金額が得られると推測できる」わけで、このことから、選択肢の中から期待値が最大になる行動を選ぶのが有利、と考えるのです。

神への期待値

「期待値」という考え方を提出したのは、パスカルでした。パスカルは、メレから、「賭けを途中で降りると言い出された場合の、賭け金の分配はどうしたらいいか」という問題を出され、期待値を利用した「公平な分配方法」の提案をしたのです。そして、パスカルは最終的に、この期待値の方法論を神の存在証明に利用した、というのだから、まったくもって大胆な学者だったと言っていいでしょう。

では、そのパスカルの行った「神の存在証明」を解説しましょう。

パスカルは、「神が存在するか否か」を直接考えるのではなく、「神を信じたほうがいいか、信じないほうがいいか」、もっと正確にいうと、「私たちは、神が存在するほうに賭けるべきか、存在しないほうに賭けるべきか」という「賭けの問題」に置き換えたのです。

そこで、前項の例と対応するような表現でパスカルの方法を表してみましょう（したがって、パスカルが『パンセ』に実際に書いた話とは違っています）。以下のクジXとYのどちらを選択すべきか、そういう問題を考えるのです。

クジX：（神の存在を信じるという行動）

賞金として、神が存在した場合は無限大の、しなかった場合には、たとえば -1000 の宗教的幸福が得られる

クジY：（神の存在を信じないという行動）

賞金として、神が存在してもしなくても、宗教的幸福0が得られる

ここで、選択基準を「宗教的幸福の期待値の最大化」とパスカルは決めます。そして、期待値計算のために、神が存在する確率をp、存在しない確率を $(1-p)$ と設定します。するとまず、クジYを選ぶ行動の宗教的幸福の期待値は、$0 \times p + 0 \times (1-p) = 0$ という計算で、確率pに関係なく0になります。一方、クジXを選ぶ行動の宗教的幸福の期待値は、（無限大）$\times p + (-1000) \times (1-p)$ です。これは、pがどんなに小さく（存在の可能性が希薄で）、たとえば0.00001のように限りなく0に近い数値であったとしても、0でない限りにおいて、無限大を乗じると（無限大 $\times 0.00001=$）無限大になりますから、有限である負の部分 $(-1000) \times (1-p)$ を埋め合わせて、期待値は必ず無限大になります。つまり、クジXの行動の期待値は無限大で、クジYの行動の期待値は0ですから、期待値最

大化行動の下では、クジXを、つまり「神が存在することを信じるべき」である、と結論したのでした。

なんというべきか、本当にとんでもない発想ですね。神の信心に、確率や期待値を持ち込む、ということは、こともあろうに賭博を持ち込むということです。考えようによっては、不謹慎きわまりない考え方だと評することもできるでしょう。

投機は、安く買い高く売って儲ける

唐突ですが、ここで、神さまから世俗に話を転じることにしましょう。(実は唐突でないことが最後にわかります)

金融が自由化された現在のわが国では、テレビのコマーシャルなどでさかんに「資産運用」だとか「投資」だとかいうことばが宣伝されています。この資産運用とは何でしょうか。

世の中には「儲ける方法」が二通りあります。一つは言うまでもなく、みんなが欲しがるような便利なもの、おいしいもの、役立つものや楽しいものを作って、それを販売する方法です。これが常識的な儲け方です。しかし、もう一つ、ふしぎな儲け方があるのです。それは、「価格が上がり下がりするような商品の、その値動きを利用して儲ける」、そんな方法です。世の中には、時々刻々と値段が変わる商品があります。そういう品物を、「安いときに買って高くなったら売る」、こうすれば儲けることができるのです。このような儲け方は一般に「投機」と呼ばれます。資産運用とは、乱暴なまとめ方をするなら、投機のことなのです。

代表的なものは、債券や株など、時々刻々と債券市場や株式市場で取引されているものの売買です。しかし、それに限らず、売買する市場が整備されているなら、どんなものでも投機は可能です。土地やゴルフ会員権、はたまた絵画やワインなどもバブル期には投機の対象になったことは読者の記憶にも新しいことでしょう。インターネット・オークションなどが整備された現代では、なおさら投機のチャンスが多くなったといえます。ワールドカップや人気アーティストのライブチケット、レアなフィギュアやカードなども売却のルートが確保される限りにおいて、投機の対象になります。

オプションの価格

このような資産を取引する金融市場において、「オプション」というものが登場して、投機のチャンスは大きく広がりました。オプションとは、簡単に説明するなら、「予約券」のことだと理解すればいいでしょう。

皆さんは、ある商品をどうしても欲しいとき、「予約」することがあるでしょう。たとえば、CDや本やゲームソフトやスニーカーなどを欲しい場合などです。人気商品の場合には、予約金を取られたりします。旅行などで少額の前払いが要求されるのも、これにあたります。

予約をするのに、どうしてお金がいるのでしょうか。理由は簡単です。予約した場合、その人には「選択の余地」という「利益」が生まれるからです。予約した人は、そのときになってから、「買う」か「やっぱり買うのをやめる」か、それを自由に選択することが可能になります。これは売る側から見れば、「買ってもらえないかもしれない」危惧があることを意味していますから、タダではそういう特権を与えてくれません。世の中キビシイのです。全額ではありませんが「予約金」というのを支払わされるのが一般的です。これによって、予約する側は、予約した品物が結局欲しくなくなった場合、予約を実行せず、そのかわり少額の予約金を捨てることになります。「選択の余地」という特権のために、多少のコストを負うわけです。また、売る側は、買ってもらえない場合には、代わりに「予約金」を手にすることができるようになっています。

この「予約」という仕組みを株式や債券に取り入れたのが、さっきお話ししたオプションというものなのです。たとえば、「ある未来の時期に決まった価格で特定の株を買うことのできる権利」などが一例です。

このようなオプション（予約券）を購入することのメリットはなんでしょうか。株価は時々刻々と変動しています。ここであなたが、2ヵ月後に特定の株をK円という金額で売ってもらう約束をかわせた（オプションを買う契約が成立した）としましょう。もしあなたが、タダでこの契約をかわせたなら、非常においしいことになります。なぜなら2ヵ月後にこの株の価格がK円より大きいS円の場合には、契約相手からこの株をK円で買って、即座に現物株価で売却すれば、労せずして（S－K）円の儲けが出ます。逆にもしもK円より低い価格で取引されているのなら、この契約は実行しなければいいのです。

もちろん、そんなおいしいことが通るほど世の中あまくはありません。だから、このオプション契約がタダで成立することはありえません。では、このオプションの価格（「予約券」の価格）はいくらであるのが妥当なのでしょうか。これを求める公式が、一時話題になった「**ブラック＝ショールズの公式**」というものです。

この業績を評価されたマイロン・ショールズは一九九七年にノーベル経済学賞を受賞しました。この公式についておもしろいエピソードがあるので紹介しましょう。

ブラック＝ショールズ公式が発表された一九七三年の翌年には、ある会社がこの公式をプログラムとして搭載したポケット電卓を売り出しました。ショールズが「特許料をくれ」とかけ合うと「公表されたアイデアだからその必要はない」とすげなく、「それならせめてその電卓をくれないか」と要求を大幅に引き下げると、「自分で買ってくれ」と言われたそうです（竹森俊平『世界経済の謎』東洋経済新報社より）。

オプション取引が脚光を浴びたとき、「ブラック＝ショールズ公式」を解説した高度な数学の本がベストセラーになりました。この一件は、数学が現代金融社会にいかに浸透しつつあるかを如実に物語った事例だと言っていいでしょう。実際、このブラック＝ショールズ公式がベースにする数学は、難解なことで有名なもので、困り果ててしまった金融関係者も多かったのではないかと思います。

この公式を完全に理解するには、「確率積分」という最先端の数学における「伊藤公式」というものを理解しなければなりません。これは伊藤清という数学者が提出して有名になったものです。実は、この「確率積分」という考え方は、序章で紹介したルベーグ積分を基礎にしています。だから、もしもあなたが、偶然金融関係者であり、伊藤公式を理解しなくてはならない窮地に陥っているのならば、この本を手にとり、序章を読んだことは非常に幸運だったということができます。しかも、これから「ブラック＝ショールズ公式」の根っこを懇切丁寧に解説しますので、きっとご満足いただけることと思います。

図2

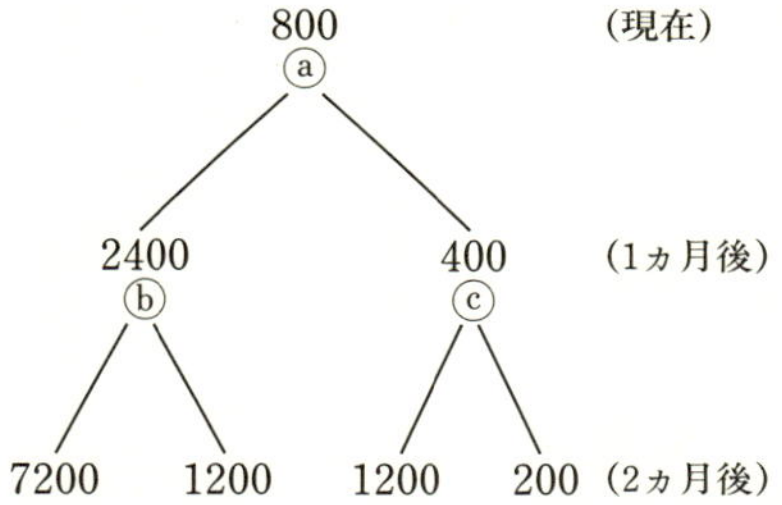

要するに連立方程式を解けばいい

では、オプション価格の決定の基本を解説することとしましょう。

いま、ある特定の株を考えます。現在は1株が800円で取引されているとして、将来の株価は非常に単純化して以下のようになっていると仮定しましょう。

「株価は、前の月の価格に対して、3倍になるか、半分になるか、そのどちらかである。しかし、その確率はわからない（必要ない）」（図2）

さて、あなたのオプションの取引相手がこの株を現在からNヵ月後に1株1000円で売る契約をかわしてもいいと言っています。このとき、このオプションの価格Mはいくらになるのが妥当なのでしょうか（もちろんNに依存して決まります）。

これを解くカギになるのは、「利子率」です。あなたは固定された利子率でお金を借りることも貸すこともできるのです（借りる利子と貸す利子が一致しているのは現実的ではないですが、単純化のためにこう仮定しておきます）。なぜ利子率が問題になるのかは、読んでいけばおいおいわかるでしょう。その利子率は、さしあたり1ヵ月あたり100%であるとします(非常識な数字ですが、計算を見やすくし、端数が出ないための単なる数値的工夫なので、気にしないでください)。

込み入った問題を考えるときは、最も単純な場合から手がかりをつかむのが、数学の常道です。まず、N＝1、つまり、「1ヵ月先に1000円で買える権利」のオプション価格を求めることにしましょう。これが重要なステップになります。

あなたは、M円を払ってオプション契約すれば、1ヵ月後に1単位の株を、たとえそれがいくらになっていようと、1000円で手に入れられます。1ヵ月後にはこの株の1単位の価格は800×3＝2400円となっているか、または、800×0.5＝400円となっているか、のどちらかです(図2)。2400円になっているなら、あなたは権利を行使して、契約相手から株を1000円で買って即座に株式市場にて2400円で売ってしまえば、1400円の差額を儲けることができます。また、400円になっているなら、買う権利を放棄してしまえば儲けは0円になります。つまり、あなたはM円のオプション代を払えば、「1400円か0円かの儲けを得られるチャンス」が手に入るわけです。

ここで、オプション価格というものをいち早く理解してもらうために、以下の法則を先取りしてしまいましょう(どうやってこの法則を導くかは後から解説します)。

「あなたが手元に420円のお金を持っていれば、このオプション契約をするのと全く同じ成果を、お金の貸し借りと現物株の売買から作り出せる」　…（＊）

理由はこうです。420円を持っているときあなたは、140円借りて、資金を560円に増やします。そして、現在800円の現物株を560円分（0.7株）買ってしまいましょう。するとどうなるか。1ヵ月後に株を売ります。もし3倍の価格になっていれば、560円×3＝1680円が手に入り、そこから借りたお金に利子をつけて倍の280円を返して、1400円が手元に残ることになります。また、もし半分の価格になっていれば、560円×0.5＝280円が手に入り、それをそのまま返済するので、残金は0円になります。つまり、この行動によって、オプション契約をしたのと全く同じ状態を、現物株の売買だけで実現することができたわけです（現物株とは、そのときどき市場で売買されている株のことです。反対概念としては、予約して買う将来の株を先物株といいます）。

さて、この事実（＊）から、オプションの価格はM＝420円に決まるべきことがわかります。なぜなら、手元に420円あれば、このオプション契約と全く同じ成果を作りだせるのですから、オプション契約の価値Mは420円だということになるからです（もっと詳しくいうと、420円より高いならだれも契約しないし、安いならみんなが契約したいと殺到するので、もっと値上げできるからです）。以上のようなロジックから、オプションの価格が決まりました。つまり、オプションの価格とは、「それと同じ効果を、現物株の売買とお金の貸借とで実現できるような元手金」ということになるわけです。

さて、この唐突に出てきた「420円」という金額は、いったいどうやって求められたのでしょうか。これを求めるのが「ブラック＝ショールズ公式」なのです。難しい数学が必要なのでしょうか。そうではありません。それはなんと、中学生が習う「連立方程式」を使うだけで十分です。やってみましょう。

いま、手元にM円があるとして、さらに借金をして資金を増やして、株x単位を買ったとします。このとき、借金額を負の数y円と書けば、M＝800x＋yという等式が成り立ちます。さて、1ヵ月後を考えましょう。株の価格が3倍になれば、株を売った金額2400xに返済する借金の分2y（負の数）を加えた2400x＋2yが手元に残ります。他方、株の価格が半分になれば、残金は400x＋2yです。これらが、オプション契約と同じ成果をもたらすためには、

$$2400x + 2y = 1400$$

$$400x + 2y = 0$$

という連立方程式を解けばいいとわかります。

これを解くと、x＝0.7，y＝－140と得られ、最初のMは、M＝800×0.7＋(－140)＝

420と求まるのです。以上が（＊）における420円の根拠です。

次に、これを参考にして、N＝2、つまり2ヵ月先のオプションを契約することに発展させることにしましょう。図2からわかるように、2ヵ月先の株の価格は四つの枝分かれの末、3種類の価格7200円、1200円、200円がありえます。オプション契約すれば2ヵ月後の株を、それがその3種類の価格のいくらになっていたにせよ、1000円で買える権利が得られるのですから、儲けの可能性は6200円か200円か0円（権利を行使せず流してしまう）です。これと同じ結果を生み出す現在と翌月とにおける株（現物株）の買い方と借り入れの仕方を求めればいいわけです。これはコラム（173ページ）にまとめておきますので、興味がある人は読んで下さい。飛ばしても差し支えはありません。結果的に、2ヵ月先のオプション契約の価格は582円となります。

驚くべきことに期待値再登場

上で見たように、オプションの価格Mを求めるには面倒な作業が必要で、しかも、出てくる価格Mがなんだかわけのわからんものでした。しかし実は、これを驚くほど簡単に求められる手品のような方法があるのです。しかも、驚くべきことに「期待値」を利用します。

まず、「N＝1（1ヵ月先のオプション契約）」に戻ることにしましょう。これは、1ヵ月先に1400円か0円の儲けを得られるオプションでした。ここで、唐突ですが、次のようなクジを考えることにします。

「1ヵ月先に、確率0.6で1等1400円、確率0.4で2等0円となるクジ」

この「確率0.6」を「魔法の確率」と呼ぶことにします（専門的にはリスク中立確率といい、株価が何倍になるか、ということと利子率とで決まる。株価が決まる現実の確率とは関係なく、オプション価格計算のための仮想的な確率）。このとき、1ヵ月先の儲けの期待値は、1400×0.6＋0×0.4＝840円です。この額を、現在の貯蓄から作り出すときに必要になる現在の貯蓄

図3

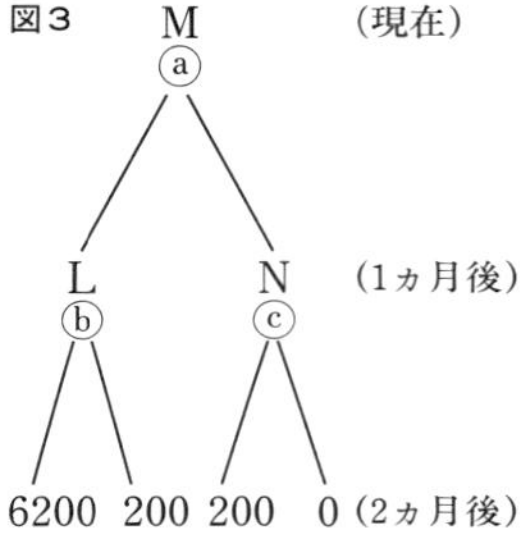

図4

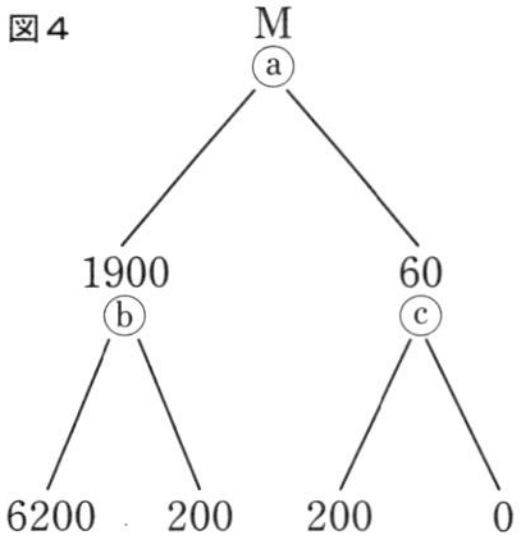

図5

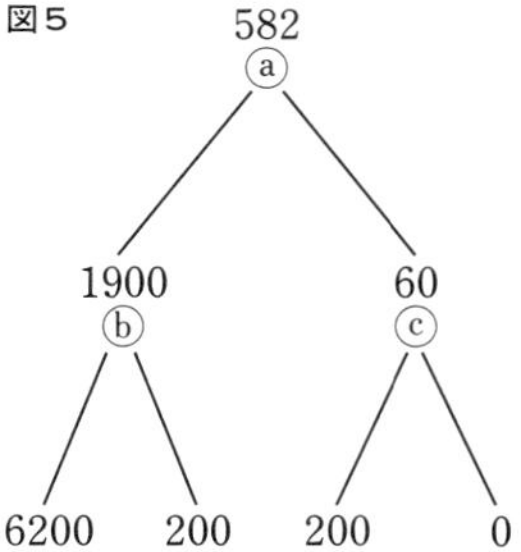

2ヵ月先のオプション価格を求める

図3のように、最初にMの資金で現物株買いと借金をして、その儲けから翌月のLとNの資金を作る。次に、そのLとNでそれぞれの場合に、再び現物株買いと借り入れを行い、2ヵ月後の儲けを6200円、200円、200円、0円という形にする。このことが可能な最初のMが、オプション契約の価格になる。

このM、L、Nを求めるには、最後からさかのぼってくる「バックワード」というもので解く。まず、分岐点bで株x単位の購入と借金yをして、予約券と同じ効果を作り出すためには、

$L=2400x+y$…①のもとで、

$7200x+2y=6200$…②, $1200x+2y=200$…③

となればよく、②③から$x=1$, $y=-500$と求まる。これを①に代入し、

$L = 2400 + (-500) = 1900$

が決まる。全く同様に、分岐点cでも、

$N = 400x + y$…④のもとで、

$1200x + 2y = 200$…⑤, $200x + 2y =0$…⑥

となるように、Nを決める。⑤⑥から

$x = 0.2$, $y = -20$ 、④に代入し、

$N = 80 +(-20) = 60$

が決定される。

以上によって、分岐点bでは1900円儲かっており、分岐点cでは60円儲かっているような、そういう現時点（分岐点a）での現物株買いと借金の仕方を求めれば、予約券の価格Mが求まる、ということがわかる（図4）。つまり、

$M = 800x + y$…⑦のもとで、

$2400x + 2y = 1900$…⑧, $400x + 2y =60$…⑨

という連立方程式を解けばよい。

⑧⑨から$x = 0.92$, $y = -154$となるので、⑦に代入し、$M = 736 + (-154) = 582$（図5）。したがって、2ヵ月先のオプション契約の価格Mは582円。

額は、420円です。利子率100％なので、1ヵ月後に420×2＝840円還付されるからです。これを専門的には「1ヵ月先の840円の現在価値は420円である」と表現します。ふしぎなことに、1ヵ月先のオプションの価格Mと一致しています。

これは偶然でしょうか。いえいえ、必然なのです。

この「魔法の確率0.6」は、何ヵ月先のオプション契約のための価格をも計算してしまう、オールマイティな数値なのです。その証拠に、これをN＝2のケースのほうにも応用してみましょう。**図6**のようなクジを考えます。これは、まずa点において確率0.6でb点に、確率0.4でc点に進み、b点では確率0.6で6200円得られ、確率0.4で200円得られ、また、c点では確率0.6で200円得られ、確率0.4で0円得られる、そんなクジだと見なします。この2段階クジの期待値を計算してみましょう。それは、

$$6200 \times (0.6)^2 + 200 \times (0.6) \times (0.4) + 200 \times (0.4) \times (0.6) + 0 \times (0.4)^2 = 2328\text{円}$$

となります。この期待値の金額を、現在の貯蓄から作りだすときの貯蓄額（つまり、2ヵ月先の2328円の現在価値）は、

図6

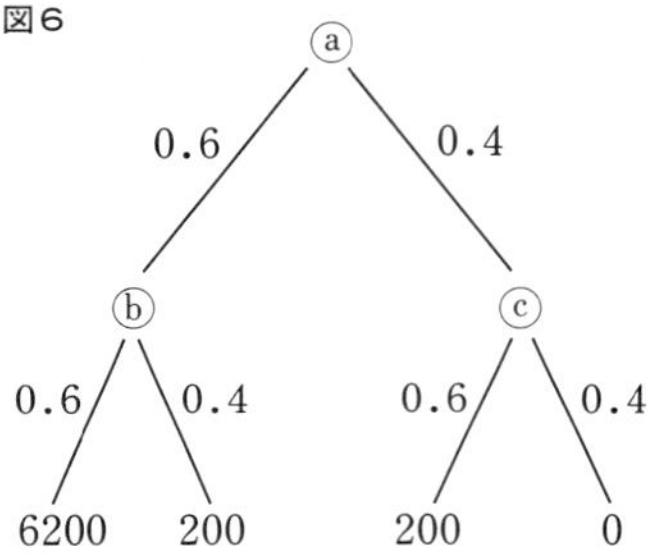

M ＝ 2328 ÷ 4 ＝ 582円になります（返済額は翌月に2倍、2ヵ月後に4倍になるからです）。ふしぎなことに、これがまさに2ヵ月先のオプションの価格と一致しています。

これは一般的にも成立する法則です。Nヵ月先のオプション契約の価格は、仮に株価の変化の確率がこの「魔法の確率0.6」であるとしたときの「儲けの期待値」の現在価値（その額を現在の貯蓄からNヵ月先に生み出す貯蓄額）とぴったり一致してしまうのです。

しかし、ここまでを読んでいい気になって、専門の本で『ブラック＝ショールズの公式』をひもとくと、たぶん目が点になってしまうことと思いますので、ご用心を。一般化された公式が対象としているのは、「ブラウン運動」というもので、本書で解説したものと見た目は違います。「ブラウン運動」とは何かというと、図2のように二手二手と分岐していくグラフを、繋ぎの線を無限に短くして、無限に細かい振動をする無限に細かい折れ線から作られる曲線に仕立ててしまったものなのです。それはおおよそ図7のようになります。

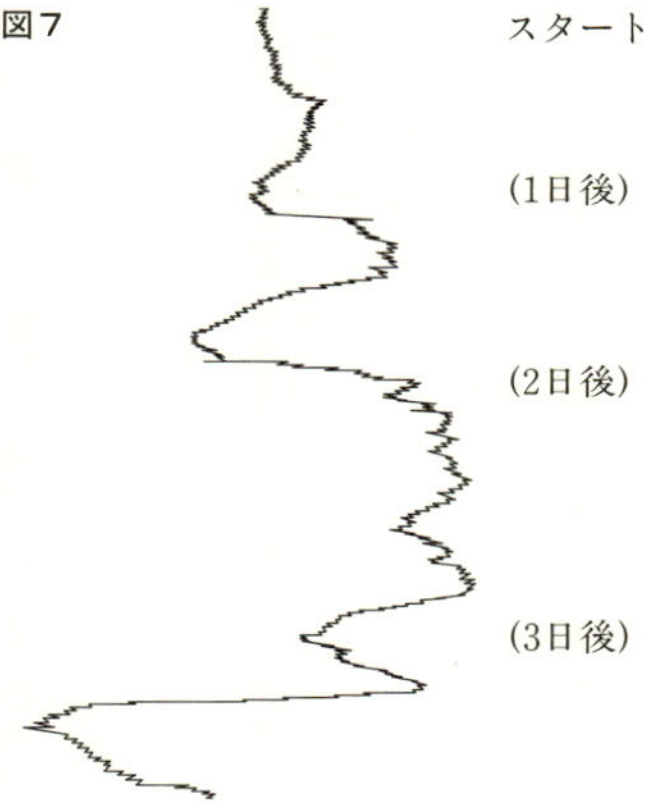

図7

この作業は、序章でお教えしたΣから∫への変換の作業と基本的には同じことですので、おそるるにたりません（闘わないなら、という前提ですけどね）。このようなブラウン運動は、切れ目のない（ジャンプのない）ひとつながりのグラフになり、しかもどの時点でも「正規分布」という素性のいい確率現象になることから、非常に扱いやすいものになります。しかし、その一方で、高度な数学（ルベーグ積分を基礎とした確率積分）を土台にすることが必要になり、凡人には近寄りがたいものになってしまう憾《うら》みもあるのです。

だからといって、株価がこのブラウン運動に従う場合も、オプション価格を求めるその求め方の基本的発想は変わりません。連立方程式を後ろ向きに解いていく作業を無限に細かく実行するにすぎないのです。そしてそれは、なぜだか、ある確率で期待値を取る操作によって代用してしまうことが可能だ、というのも同じです。

神と世俗をつなぐものこそ金融業

この章は、神のことから始まって、最後は資産運用の話にたどりつきました。聖なるものから始まって、世俗なるものにおちていった、といってもいいでしょう。実は、これは歴史の中で起きたことの再現といってもいいのです。それはどういうことでしょうか。

日本史研究者である網野善彦の説によると、「お金」や「金融」と、「神」とは、深い関係にあったそうです。網野は、日本の中世から近世への社会的発展の中で、貨幣と金融が大きく関わっていると主張します。当時の日本では、貨幣や（種籾《たねもみ》などの）モノ貸しは、神に仕えるものが執《と》り行っていました。それは、神に仕える身分しか、お金で売り買いしたり、モノを貸して利子を取ったりすることが許されなかったことを意味しているのです。それはつまり、貨幣による取引や、利子を取るモノ貸しというのは、穢《けが》れのある行為であり、世俗で行うことはできない。だから、何らかの意味で世俗と切れた（無縁の）場において、そういう身分にある人にしか執り行えない。そんな慣習があったふしがあるのだそうです。

そういう社会的風習は、十四世紀頃を境にして急激に変容していった、と網野はいいます。貨幣や金融が、神や穢れと切り離されて、世俗化していくこと。そこに社会のドラスティックな変化の一端を網野は見ているわけです。つまり、日本の「資本主義化」は、神との関係において、私たちが思っているよりもずっと昔に起こっており、しかも、日本社会の変容に重大な影響力を持っている、と網野は主張しているわけです。

私たちの住み暮らすこの二十一世紀には、金融は多様複雑になり、まさに花盛り。社会の大きな歯車の一つです。そしてそこには、神や穢れとの関係などみじんも見当たりません。だから、この社会にいる私たちが中世を眺めるとき、非常に奇異な感じが否めません。けれども、もしも中世の日本人がタイムトラベルして現代に来たら、世俗の民衆までもが、簡単にお金の貸し借りをして、利子をやりとりしているこの現代金融社会を見て、大きな驚きを禁じえないでしょう。

そんなわけで、この章の「神の数学から金融の数学への展開」、それは、数学の世俗化の歴史を描いているのだ、といってもいいのです。そしてこの後にひかえる最終章では、数学を「神からも世俗からも切り離す」、そういう作業をご覧に入れましょう。

終章　数学は〈私〉の中にある

数学は何の役に立つのか

数学教育の関係者の間で、「数学は何の役に立つのか」、ということがときどき話題になります。生徒がよく「数学なんか勉強しても、いったい将来何の役に立つのさ」という投げやりなことばを口にするので、それに説得力のある回答をしたいという思いがあるのでしょう。作家の曽野綾子氏が文部省（当時）への答申で、「数学が人生の中で役に立ったのは、曲がって行くよりまっすぐ進んだほうが近い、ということだけだが、そんなことならイヌ・ネコでも知っている」というような趣旨の発言をして、数学関係者を震撼させたときは、この議論がたけなわとなりました。

曽野氏の発言はともかくとして、このとき、数学関係者が「数学は役に立つのだ」という「存在証明」に躍起になることに対しても、筆者は釈然としない思いを抱いていました。なぜなら、こういう議論は、非常に残酷で危険な結論を導きかねないからです。

「数学は何の役に立つのか、何の価値があるのか」という問いの「数学」ということばを、一度「あなた」ということばに置き換えてみてください。そこには、「あなたは何の役に立つのか、生きていて何の価値があるのか」というとてつもなく残酷な問いに姿を変えるでしょう。これは、決して問われてはならないたぐいの問いです。問うならば、それは人間の尊厳に対する挑戦だということを覚悟しなくてはなりません。人は、何かの役に立つために生まれてきたわけではありません。自分に価値があるかないかなど、そんなことは余計なお世話です。「何かの役に立ちたい」という気持ちは美しく尊いものですが、この主客を入れ替えて「役に立つ人になりなさい」と語られるとき、それは傲慢不遜なことば以外の何物でもありません。

ここで、読者は、「人間と数学は違うのだから、ことばを置き換えたら意味がないでしょう」、と反論するかもしれません。それに対して筆者はこう答えます。

「否。誰にとっても数学は〈私〉です。だからこの置き換えは正しいのです」

このことを、終章全体を使って、論証していきたいと考えています。

能力テスターとしての数学

思うに、「数学は役に立たない」とか「いや、数学は役に立つ」とか論じる人々には、「ケータイ」とか「パソコン」だとか「コンビニ」だとか、そんなたぐいのものを思い浮かべて、比較検討している人が多いのではないでしょうか。

実際、古代から現代まで、数学は社会の中でテクノロジーとして活かされてきました。紀元前六世紀のギリシャの数学者タレスは、幾何の諸定理を最初に証明した人物として知られています。彼は、天文学の知識から日食を予言して、当時の人々を驚かせたといわれています。また、オリーブの実の圧搾機を買い占めて大儲けし、「先物取引」（第4章で解説したオプション取引もその一つ）の先駆者としても知られています。このような天文や天候の推測の技術は、数学を利用したテクノロジーの一種だということができるでしょう。また、数学は建築の進歩にも欠かせない道具でした。古代エジプトでも、アラビアでも、ルネッサンスのイタリアでも、建築技術とともに数学が進歩しました。さらには、戦争における兵器開発にこそ数学のテクノロジーが、その威力を発揮したことはいうまでもありません。大砲しかり、原爆しかり、ミサイルしかりです。現代においては、電磁波を利用する電信電話技術、画像技術から、さまざまな制御、コンピュータテクノロジー、金融取引に至るまで、数学が重要な役割を果たしています。

「数学は役に立つ」派は、数学のこのような便宜性をあげつらねることでしょう。「役に立たない」派は、テレビの原理を知らなくたってテレビは観られる、などと言うことでしょう。そうして結局は水掛け論になるのだと想像されます。

「役に立つ」派の主張のように、数学は、「テクノロジーとしての便宜性」のゆえ、人間が用いる言語の中でとりわけ特別の地位を築いていると考えられます。しかし、このことは有意義なことである一方、悲劇の源でもあるのです。

この便宜性は、「**科学性**」と「**普遍性**」から来ると考えられます。第一に、数学は「科学を記述する言語」であるという特性を持っています。そのために、科学的なテクノロジーに利用されるわけです。そして第二に、数学はどんな言語よりも、国境や歴史や文化を超えて人々に理解されやすい、そういう普遍性を備えています。だからこそ、人類全体の文化水準を支えるテクノロジーの進歩に大きく貢献するのだと考えられるでしょう。この二つの性質をひとまとめにして、「**客観性**」と呼ぶことも可能です。これが、数学が言語として特別である点なのです。

他方数学は、このような「客観性」を備えているがために「能力テスター」として利用される憂き目を見るともいえます。数学は、社会適応能力の欠如や、精神的な障害には、てきめんに牙をむきます。ちょっとした計算や、簡単な問題解法を通じて、それらが的確にあぶりだされるからです。クレペリンテストやIQテストなどのように、平易な計算作業や推論作業から、人物の能力や知能水準を測ろうとするテストに数学的なものが多いのもその証拠です。数学の客観性は、こんなふうにも利用されるのです。聞くところでは、十九世紀の天才数学者ガウスや、『ふしぎの国のアリス』の作者であり数学者でもあったルイス・キャロルなどは、かなり精神的に不安定で、危うい境界線上をさまよっていたそうですが、数学をすることによってかろうじて正気を保っていた、と言われています。その「客観性」のゆえ、数学は、「能力テスター」、「正気テスター」として機能するのです。

学校でも、数学はこの「テスター」の役割を演じさせられます。そして、これが行き過ぎると、強い副作用が生じるのです。人を一つの基準で選別するための、たとえてみれば一種の「ひよこ選別機」や「不良品排除機」のたぐいに、貶《おとし》められてしまうからです。生徒たちが、「数学は役に立たない」派に与《くみ》したがるのは、このような選別機能を直感的に嗅ぎ取り、拒絶反応を示しているからに違いありません。人間として正しい反応だと思います。

アメリカの経済学者ボウルズとギンタスの実証研究によると、学校における数学の成績と、企業における「順応性」とは高い相関を持っているそうです。順応性というと聞こえがいいですが、これは要するに、上司の要求に服従し社内のルールに無条件で従う、といった帰属的性向のことです。つまり、「学校で数学の成績がいい」ということは、創造性や積極性や独立心とは正反対の性向であり、「企業において管理者に好都合な性質」なのです。これをボウルズ＝ギンタスは（学校と企業の）「対応原理」と呼びました。

たしかに、学校数学が、「膨大な量の無味乾燥な法則たちを、無批判に受け入れ、順応し、記憶し、その限定的な世界で完璧に行為することのできる能力を育成する」そういう側面が強いのだとするなら、それは企業の経営者には実に好都合な教科かもしれません。

けれどもこれは、生徒にとっても数学にとっても、本当に悲劇的なことだといえます。数学も人間も、双方がその尊厳を踏みにじられることになるからです。

そんなわけで筆者は、本章において、数学の「能力テスター」、「選別マシン」、「順応力養成ギブス」などとは全く異なる別の面、人間の実存性と深く関係している面を提示し、数学の復権を訴えたいと思います。

ウィトゲンシュタインの〈私〉

ここで二人の著名な哲学者の力を借りることにしましょう。一人はウィトゲンシュタイン、もう一人は、ハイデガーです。二人は奇《く》しくも同じ年一八八九年に生まれており、ともに二十世紀を代表する哲学者となりました。そして、二人とも「実在論」について深い思索をめぐらせた人でした（以下、哲学者固有のことばは、〈 〉でくくって区別することとします）。

ウィトゲンシュタインは、『論理哲学論考』という著作の中で、〈世界〉や〈私〉や〈私の生〉というものを規定しました。いくつか抜粋してみます。

「世界とは、その場に起こることのすべてである」「世界と生とは一つである」「論理空間の中にある事実が、すなわち世界である」「私の言語の限界が、私の世界の限界を意味する」「私とは私の世界のことである」

ウィトゲンシュタインの思想は、非常に特異で、これをきちんと理解するためには、専門の解説書を読む必要があります（たとえば、鬼界彰夫『ウィトゲンシュタインはこう考えた』講談社現代新書、は非常に優れた解説書です）。ここでは、筆者の目的に引きつけて、非常に個人的な解釈を展開するということを事前にお断りしておきます。

ウィトゲンシュタインは、〈世界〉というものを、「自分に降りかかってくる、すべての偶然や必然のできごと」としています。極言するなら、自分の意識に図像化されるもののすべて、それが〈世界〉なのです。ここで、他人というものが存在するかどうかを問うのは無意味です。他人も、自分の意識に映る図像として存在するだけで、自分と無関係に存在するかどうかを確かめるすべはないからです。また、「私の生きていない世界、生まれる前の世界、死んだあとの世界」といったものも存在しません。それらは、「私に起こるできごと」ではないからです。このような考え方によってウィトゲンシュタインは、〈世界〉というのは〈私〉そのものであるとしたわけです。このようなものの見方は「独我論的」と呼ばれます。

ここでは、〈世界〉を狭く捉えているのではなく、むしろ広く捉えていると受け取るべきでしょう。普段私たちは、ニュースなどで見聞きする事故や、戦争や、スポーツの栄光などは、自分とは無縁のことと感じていますが、それらも「自分に降りかかってきている できごと」であることには違いありません。だからこれらも、ウィトゲンシュタインに言わせるなら、〈私〉なのです。〈私〉というのは、この皮膚の内側にある肉のかたまりのことではありません。〈私〉が見聞きし、感じ、理解する、〈世界〉のあらゆる〈事実〉、それらがすべて〈私〉の内側のできごとなのです。このことを逆に言うなら、〈私〉は、〈私〉の外側を感じたり理解したり認識したりしない、ということです。

では、ウィトゲンシュタインは、この境目のはっきりしない〈世界〉=〈私〉の境界をどうやって規定するのでしょうか。その役割を担うものを〈言語〉としました。〈言語〉で捉えられる射程、それが〈私〉の境界線なのです。したがって、ウィトゲンシュタインのいう〈言語〉というのは、わたしたちが普段、話したり、書いたりしている「ことば」に限るものではなく、もっと広いものを指している、ということができます。簡単にいうなら、「私の認識の全体」と言っていいでしょう。それをもっときちんと規定した表現が、さきほどの「論理空間の中にある事実が、すなわち世界である」という言説なのです。つまり、〈論理〉こそを〈私〉の認識の限界を定める〈言語〉だとしています。

本書では第1章で、論理、とりわけ数理論理について解説しました。そこで、論理というのが、人間にとっての「真理」や「推論」と不可分なものであり、人間の「信念」や

「認識」を象徴するものであると述べました。まさに、ウィトゲンシュタインは、論理をそのように考えた哲学者でした。『論理哲学論考』を書いたとき、彼は数学者ラッセルの強い影響下にありました。だから、彼のイメージする「論理学」はラッセルとホワイトヘッドの『プリンキピア・マテマティカ』でした。したがって、ここでいう「論理空間」は、第1章で解説しましたように、真偽によって記述されたセマンティックなものだと見なしていいでしょう。

ウィトゲンシュタインは、「論理とは人間の思考の規則である」、とか、「論理とは言語の普遍的法則である」などと考えていました。つまり、〈私〉という存在の地平線を与えるものを〈論理〉においたわけです。そうして、その〈論理〉の射程が届く範囲が〈世界〉全部で、それが〈私〉全部で、〈私の生〉だと考えたのでした。本書の第1章で、論理がいかに人間の精神に密着したものであるかを解説しましたが、ウィトゲンシュタインこそ、論理学を「生々しい人間の認識世界」と同義なものと見なした最初の哲学者であると言っていいと思います。

「価値」は「語りえぬもの」

このように〈世界〉=〈私〉を規定し、その境界線を〈論理〉=〈言語〉で示したあと、ウィトゲンシュタインは、「語りえぬこと」について議論をします。たとえば、〈価値〉というものについて、『論理哲学論考』の中で以下のように記述しています。

「世界の価値は、世界の外側になければならない。世界の中ではあるがままにある。そしてすべては起こるままに起こる。世界の中には、いかなる価値もない。仮にあるにしても、その価値にはいかなる価値もない」

このように、彼は〈価値〉などというものを、〈私〉の内部にないもの、〈語りえぬもの〉、形而上的なものとしてしりぞけてしまいました。それはあまりにも有名なこの本の結語、

「語りえぬことについては、沈黙せねばならない」

に結晶しています。これは、彼の〈世界〉の規定からは当然の結論といえます。〈世界〉が〈私〉という内的なものであり、そしてそれが、〈私〉に降りそそぐ人生の雑多なできごとの総体を、論理文として統合したものであるとするなら、その〈私〉に価値などというものを割り当てることは無意味でしょう。〈世界〉=〈私〉は、ただそこにあるがままにあるのであって、価値のあるなし、役に立つ、立たない、など考えるのは無意味であり、〈語りえぬもの〉にすぎないわけです。このことを、ウィトゲンシュタインは、次のようなことばでも表現しています。

「世界はどのようにあるか、ということが神秘的なのではない。世界がある、ということが神秘的なのである」

この文における「どのように」という表現こそ、価値のあるなし、役に立つ、立たない、といった見方を総称したものであり、そんなことは人生にとって重要なことではない、と言っているのです。そして、何よりも「〈私〉が存在すること」に、驚きと敬意を示しているわけです。

以上のような独我論的な発想は、第4章で解説したデカルトの発想にも通じるものがあります。デカルトも、存在というものを「自分の意識」、すなわち「我思う、ゆえに、我あり」に依拠させました。ただ、デカルトとウィトゲンシュタインとの大きな違いは、デカルトが「神の存在証明」にこの着想を用いたのに対し、ウィトゲンシュタインは「神」を「語りえぬもの」として〈世界〉から排除し、〈私〉と〈私の生〉のみにこだわろうとしていることです。

数学は〈私〉の中にある

ウィトゲンシュタインの考え方を借りるなら、数学も〈私〉の中にあると見なせます。しかも、数学は〈言語〉ですから、数学が〈世界〉=〈私〉の境界線を規定する役割を担っているといいと思います。実際、ウィトゲンシュタインのイメージしていた〈言語〉というのは、〈論理〉であり、しかも一種の「数理論理」ですから、彼は〈私〉の地平線を引くものとして、数学が念頭にあったといっても言い過ぎではないでしょう。

大切なのは、この数学はあらかじめ〈私〉に存在しているものであって、決して「このようにあるべき」などと規定されるものではない、ということです。筆者には筆者の固有の数学があり、読者であるあなたにはあなた固有の数学があるのです。そこには、良し悪しも優劣もありません。だから、ウィトゲンシュタイン流の世界観においては、「数学が役に立つか、立たないか」、などという議論は、非常に形而上的で、取るに足らないものである、と見なされます。このことは、すぐ前に紹介した『論理哲学論考』の二つの文の〈世界〉ということばに「数学」ということばを代入してみれば、はっきりするでしょう。

「数学の価値は、数学の外側になければならない。数学の中ではあるがままにある。そしてすべては起こるままに起こる。数学の中には、いかなる価値もない。仮にあるにしても、その価値にはいかなる価値もない」

「数学はどのようにあるか、ということが神秘的なのではない。数学がある、ということが神秘的なのである」

もちろん、筆者は、数学のテクノロジーへの貢献を否定するものではありません。数学がテクノロジーとして応用され、経済的な価値を生みだすことはあるでしょう。そしてその価値に良し悪しはあるのでしょう。しかし、それは数学が偶然備え持った性質のうちのごくわずかな部分にすぎません。数学の本質は、人が人であることを規定する「言語」であることにあり、そこにおいては、価値や便宜性などを論じることは無意味なのです。

このことは、母国語という「言語」について考えるともっとイメージしやすいでしょう。わたしたちが人間としての認識を作るのは、大部分、母国語によります。母国語は、気づいたときには〈私〉の内面に実在していて、〈私〉という〈世界〉を記述していました。〈私〉に生来備わっており、内部認識において機能する母国語について、その良し悪しなどを論じるのは無意味なことです。

もちろん、曽野綾子氏のように、母国語を一種のテクノロジーとして利用して、文学という商品を生産し、経済的な価値を付加させることのできる人もおられるでしょう。その商品価値に優劣があってもいいでしょう。母国語がそういうふうに「商売に役立つ」ということは否定しません。しかし、そこにあるのは、あくまで経済的な商品価値であり、決して〈私〉の価値ではありません。文学は母国語が持つ機能のごくわずかな部分に属しているにすぎず、母国語の本来の機能は、ウィトゲンシュタインの思想によるなら「〈私〉を〈私〉たらしめる」、ということなのです。数学についても、これと全く同じことが言えます。

ハイデガーの〈私〉

以上のように、ものごとを徹頭徹尾〈私〉というものに引きつけて論じる「独我論的」な方法は、ハイデガーの思想にも色濃く現われています。(以下に展開するハイデガーの思想は主に木田元『ハイデガーの思想』岩波新書によります)

ハイデガーは、人間の存在を、他の動物や物の存在とは区別して〈現存在〉という名称で呼んでいます。動物や物が存在するとき、それは与えられた環境の域を越えることができず、狭い現在を生きることしかできない。それに対して人間は、現に与えられた環境を他の「可能な」環境と重ね合わせ、相対化し、現在の中にズレを生じさせて、過去や未来といった次元を開くことができる。そうハイデガーは論じます。そして、人間がそんなふうにして生物学的環境から〈世界〉へ〈超越〉することができる、という人間固有のあり方を〈世界‐内‐存在〉と呼んだのです。他の存在は、〈現存在〉である人間が〈了解〉することによって存在するが、そのように他の存在物をいっせいに存在せしめる当の人間がどうして存在するか、というと、「気が付くと、そこにそうして存在し、すべてのものを存在物として見ている」というしかない、ハイデガーはそういうふうに人間の存在を規定しました。こういう在り方を〈存在企投〉と呼んだのです。

このようにまとめると、いろいろ相違点はあっても、ハイデガーの人間存在の見方は、ウィトゲンシュタインのスタンスと、根底のところで似かよっている、と感じられます。だから、数学の「実在」を、ハイデガーに依拠させた場合でも、ウィトゲンシュタインのときと同じような結論を導くことができるでしょう。つまり、数学という存在物は、〈人間〉（=〈私〉）が了解することによって存在することができる。その〈人間〉は、そこにそのようにして、どうしようもなく、「価値」や「便宜性」とは隔絶されて、存在している。だから、〈人間〉の〈存在企投〉として実在している数学も、その根底のところでは、「価値」や「便宜性」などとは無縁に存在しているといえるはずでしょう。

ハイデガーの「存在論」がもたらしてくれる数学観はそれだけでは終わりません。ハイデガーは、西洋の形而上学を〈存在－神－論〉と断じました。プラトン以降の西洋の哲学を「すべての〈存在〉者の源である〈神〉の存在を〈論〉証しよう」とする伝統だと批判したのです。

これはそのまま西洋的な数学観に対する鋭い批判ともなります。数学が神と切っても切れない関係の中で発達してきたことを、第4章において、デカルト、スピノザ、パスカルなどの思索を通じて解説しました。少なからぬ数学者たちは、数学を、「神の意志に近づくための超越的な思念」と見なそうとしました。このような西洋数学の伝統も、ハイデガーに言わせれば、〈存在 - 神 - 論〉に他ならないと一蹴されてしまうことでしょう。彼の論を借りるなら、数学には、「便宜性」も「神」も必要ないのです。ただただ、〈私〉という尊い存在のための「実在の証し」であるだけなのです。

言葉こそ存在の住居である

ハイデガーもまた、ウィトゲンシュタインと同じく、「存在」を「言語」と重ね合わせます。それは有名なことば「言葉こそ存在の住居である」に結実しています。彼は、すべての存在物は〈言葉〉を通して現われてくると考えているのです。そのことを以下のように美しい表現で言い表しました。

「言葉が存在の住居であるからこそ、われわれは絶えずこの住居を通りぬけることによって存在者にゆきつく。泉にゆくとき、森を通ってゆくとき、われわれはいつだってすでに〈泉〉という語、〈森〉という語を通りぬけているのである。たとえこれらの語を口に出したり、言葉のことを考えたりしなくとも」

これは、〈言葉〉というものが、親や教師から教わる前から、人間に存在していることを論じたものだといえます。人間は、〈存在〉すると同時に、その〈存在〉を〈言葉〉によって体現するのです。何度も訴えたように、数学も〈言葉〉です。ですから、数学も、学校で教わる前から、〈私〉の中に実在しているのです。上記の文において、〈泉〉や〈森〉という語を、〈数〉や〈図形〉と置き換えてみてください。わたしたちは、それらを口にしなくとも、それらを存在物として、認識の中で通り抜けていくのです。

このように「数学」や「数概念」や「図形認識」を生来のものと見る見方は、筆者の独善ではありません。たとえば、第2章で登場した経済学者宇沢弘文は、数学に関して「インネイト」ということばを持ち出してきます（『日本の教育を考える』岩波新書）。「インネイト」とは、宇沢によれば、「一人一人の子供が生まれたときすでに、その心の中に持っている理解力、能力」ということを意味することばです。

筆者も、数学をまさにそのような「インネイト」なものと見なしています。ですから、筆者にとっての数学は、「能力テスター」でも「コンビニエントなテクノロジー」でもなく、ましてや「神との対話の道具」でもありません。自分という尊い〈存在〉の証し、「私がここにこうしている証し」、そういうものだと感じるのです。

心の中の幾何学

筆者は、以上のような「数学実在論」を、生徒から実感した経験をもっています。その

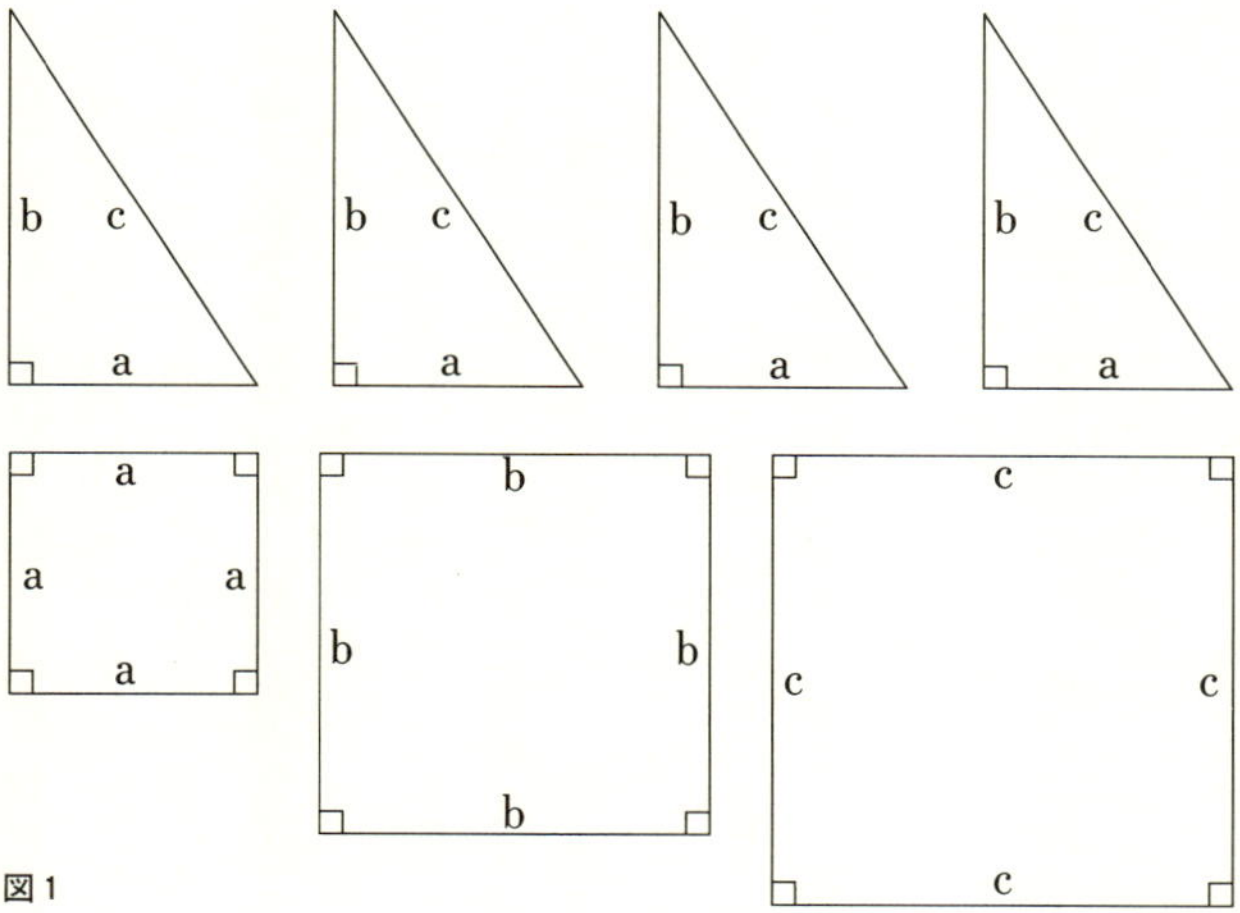

図1

体験談を、本書のしめくくりとして紹介したいと思います。

昔、塾のアルバイトで実験的な講義をしたことがありました。それは、中学生の多くが、「論証」を教わったときに幾何学から落ちこぼれ、数学嫌いになってしまう実態を、なんとか予防できないか、そう考えて行った講義でした。

教室には二十人程度の生徒がいます。一人一人に、図1のような厚紙を切って作った合同な直角三角形を四枚と大中小の正方形三枚を渡します。そして、まずこう言います。

「直角三角形二枚を重ねてごらん。ぴったり重なるね。これを合同といいます。次に、一枚を移動させて、一辺だけが重なるように動かしてごらん。いろんな図形ができるから、できる限り作ってスケッチしよう」

子供たちは、いわれた通りにいろいろやってみるうち、全部で九通りの図形ができることがわかってきます。だいたいできあがったころあいを見計らって、こう続けます。

「できた図形を、同じだと思う図形同士で、いくつかにグループ分けしてみよう」

子供たちに発言させると、あっという間に、五つのグループ分け「二等辺三角形」「平行四辺形」「長方形」「等脚台形」「たこ形」が出揃います（図2）。

そして、これらのスケッチを観察していれば、これらの図形の様々な性質、たとえば「二等辺三角形の底角は等しい」「二等辺三角形の頂点からの垂線は、底辺の中点に落ちる」「平行四辺形の向かい合う角が等しい」「長方形の対角線は等しい」「等脚台形の底角は等しい」「たこ形の対角線は角を二等分する」などがぞろぞろと出てきます。しかも、それらが、元の直角三角形をどのように移動させたか（点対称移動、線対称移動）によって生じるものであること（群論的な性質といいます）もはっきりとします。さらには、これらの性質を幾何学で証明する手続きの中で、このような三角形への分割が実際に利用されるのだから、一度これを見ておくのは損ではありません。

ここまで完成したら、次の段階に進みます。次のステップが、この講義のキモなのです。

図2

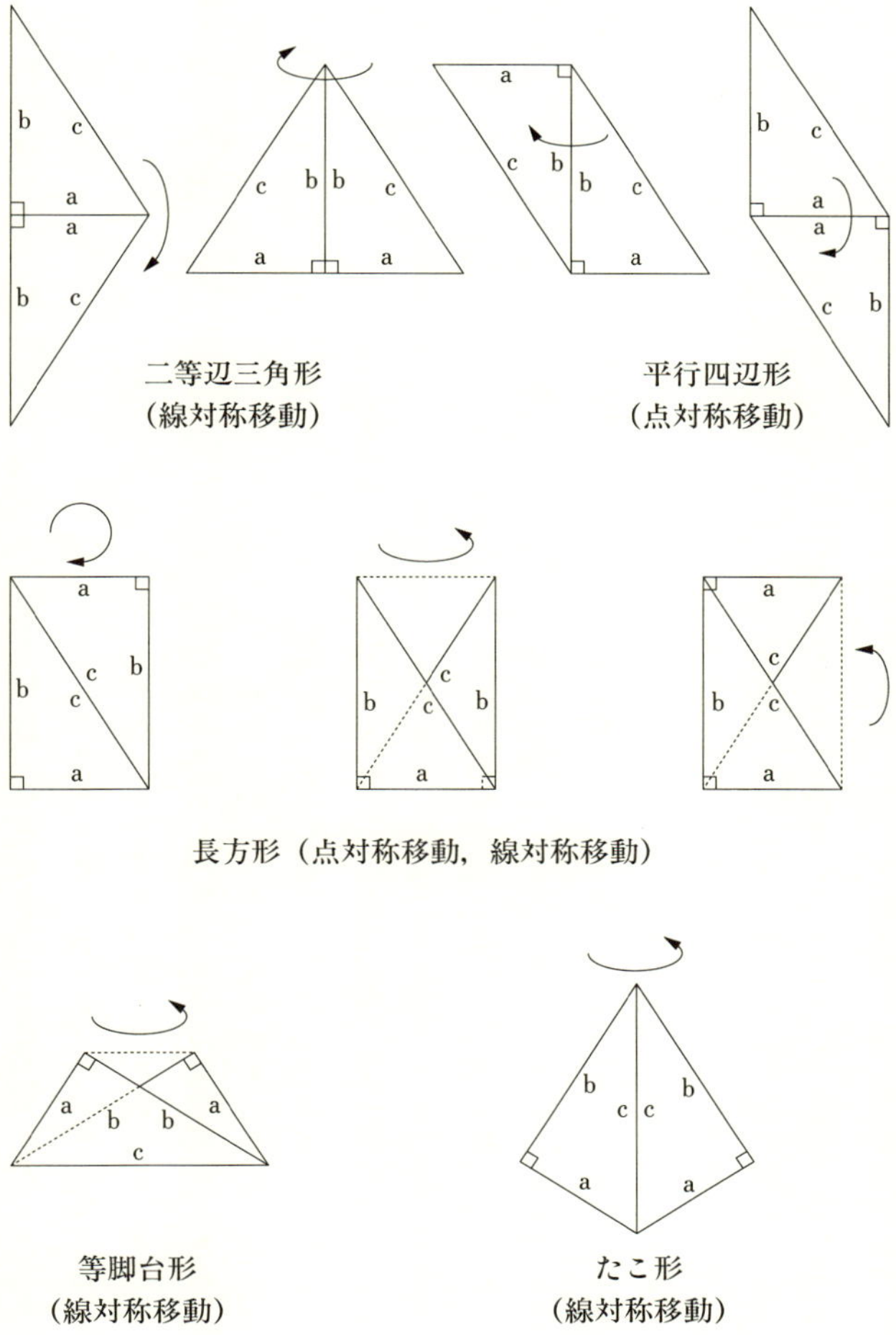
二等辺三角形
（線対称移動）
平行四辺形
（点対称移動）
長方形（点対称移動，線対称移動）
等脚台形
（線対称移動）
たこ形
（線対称移動）

図3

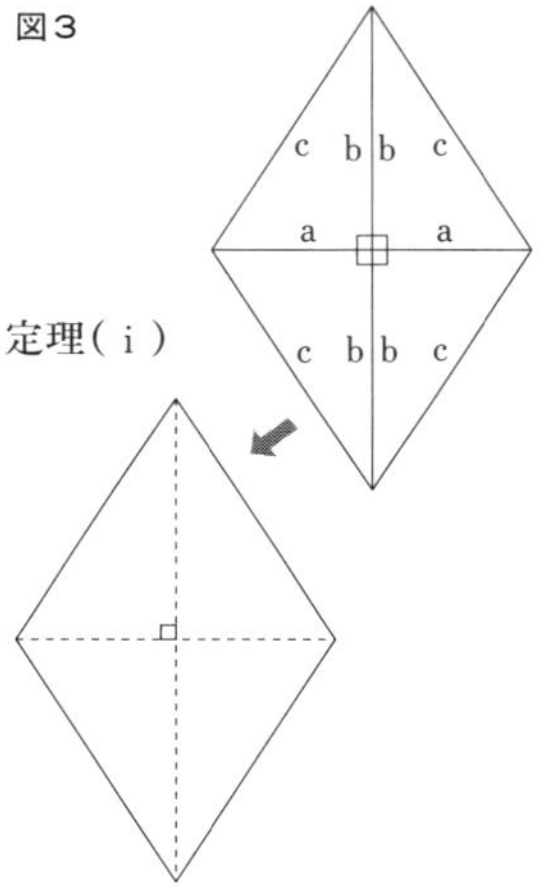

図4

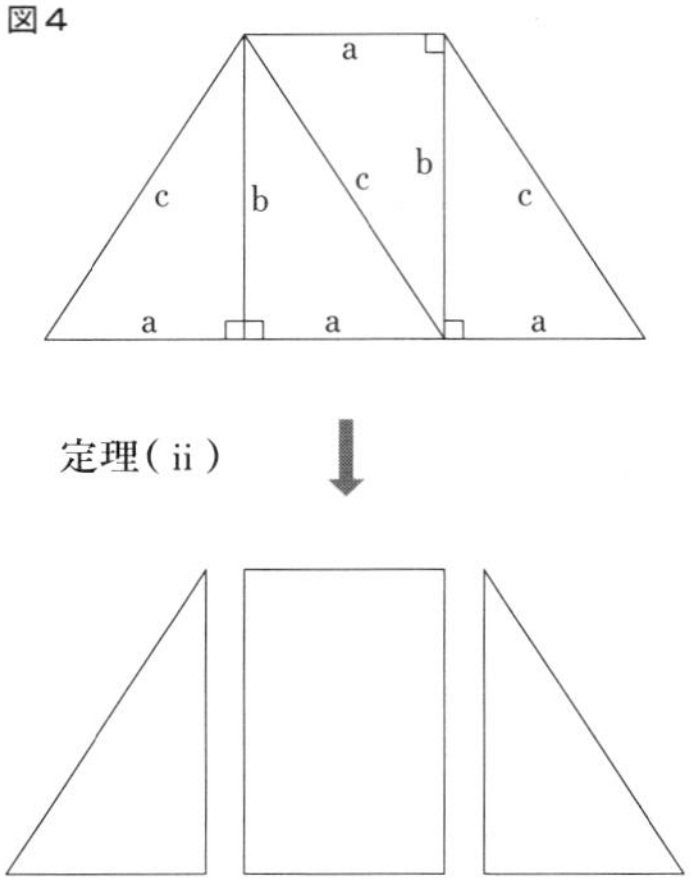

「では、今度はさらに直角三角形を二枚加えて、四枚にして、**好きなように図形を作って**、スケッチしてみてください。できるだけさっきみたいな意味がありそうな図形を作って欲しいのですが、意味があるかどうかは結果的なものなので、**正解不正解というのはありませんから**、好きに作っていいのです」

あとは、生徒たちが作るスケッチを見て歩き、事前に予定している図形を描いている子供がいたら、その子に黒板に出て描いてもらいます。

当初、この講義を試みたときは、そんなにたくさんの法則が出てくることを期待したわけではありません。一つ二つあればいいな、と思っていました。しかし、子供たちが気ままに描いた図形を眺めて歩いているうちに、それがことごとく、幾何の定理とその証明を表しているものであることに気づいたのでした。これがまさに、子供たちの内面の〈幾何学〉、インネイトな図形認識を発見した瞬間でした。

子供たちからは、次のような図形が生まれてきます。

まずは図3です。これは「ひし形の対角線は直交する」という定理(i)を示唆している図形です。次の図4は、定理(ii)「等脚台形は直角三角形と長方形に分割される」を意味していますが、この分解の仕方は台形の面積を求める受験問題などでは必須の知識です。以上は序の口で、このあとの三つが貴重なものとなります。

図5は、定理(iii)「中点連結定理」を表

図5

定理(iii)

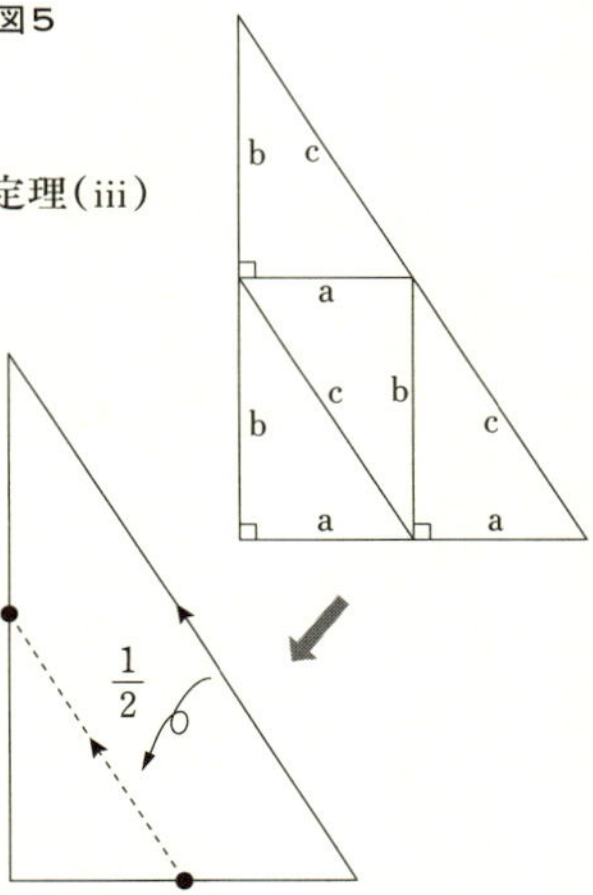

図6

定理(iv)

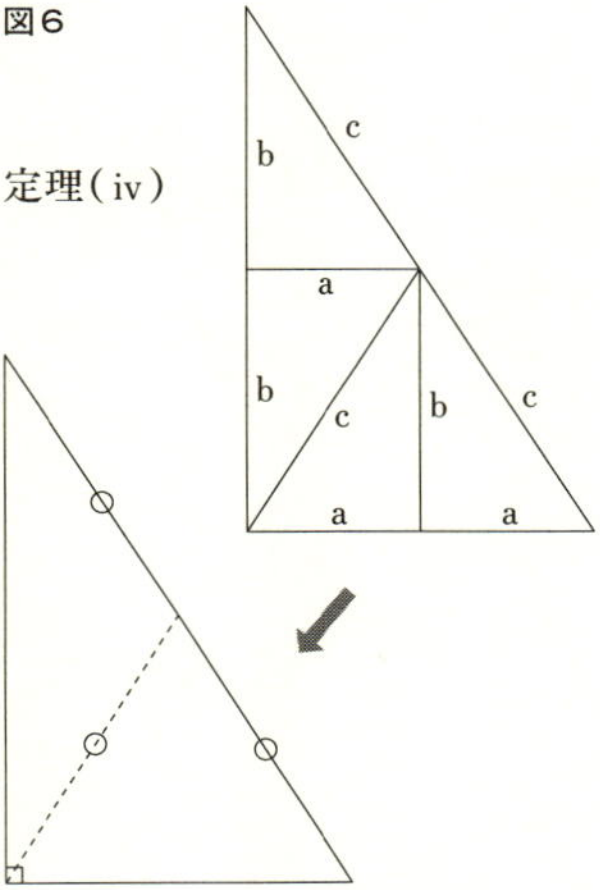

す図形になっています。中点連結定理とは、中学の幾何では重要な位置を占めるもので、「三角形の二辺の中点を結ぶと残りの辺と平行となり長さは半分になる」というものです。ここから相似の概念が演繹されるのです。この図5が生徒たちの誰かの手によって黒板に描かれれば、定理とその証明が同時に発見されることとなるわけです。

図6は、筆者が「直角三角形の中線定理」

図7

定理（v）

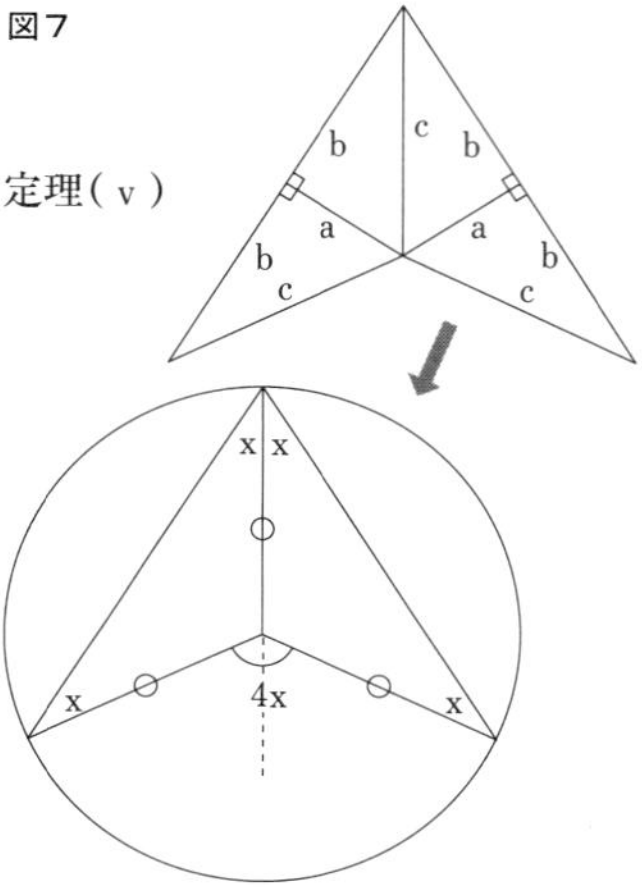

と名づけている定理（iv）を示唆するもので、「直角三角形の斜辺への中線の長さは、斜辺の半分になる」という内容です。マニアックな定理ですが、幾何の難問を解き明かす秘密兵器としてときどき使われるものです。

最後の図7の定理（v）は、中学生の幾何で最も重要な法則「円周角の定理」です。「円周角は中心角に対して半分」になる、という非常に応用力の強い定理ですが、この図7をよくよく眺めていれば、証明がわかる仕掛けとなっているのです。

実は、ここまでで、中学生が習う定理がたった一つを除いてすべて、登場してしまうことなります。しかも、教師が教えたのではなく、形式的には「生徒から自発的に出てきた」ことになっているわけです。ここで教師はこう言います。

「実はこれで、中学で習う幾何の法則は、一つを残して、全部出てきてしまいました。皆さんが、なんか感じる、と思って作った図形の多くが、幾何の法則を表していたのですね。だから、幾何の法則は、**君たちの心の中にすでに住みついていると考えていいのです。**もちろん、皆さんが描いてくれた中で黒板に描いてもらわなかった図形もあります。それは、法則を持っていないからではありません。先生には、まだその法則がわからないからです。先生がもっと勉強をすれば、きっとそれらにも法則をみつけることができるようになると思います」

読者の皆さんは眉唾に思うかもしれませんが、この段階で、子供たちの表情が実に柔らかくなります。うまく言い表すことばがないのですが、独特の笑顔になります。数学の法則が、教師からではなく、自分と仲間たちから自然に出てきたなどということは経験したことがないからでしょう。その意外性が、幾何に対する安心感と親近感をもたらすのだと思います。そして教師は、おもむろに最後の実験にとりかかります。

「では、最後の実験にとりかかりましょう。まず、一番大きな正方形を四枚の直角三角形に加えて、一つの大きな正方形を作って、スケッチしてください」

生徒たちのノートには、難なく、図8の正方形のスケッチができあがります。教師は、続けます。

「では、大きな正方形を取り除いて、小さい正方形と中くらいの正方形を四枚の直角三角形に加えて、一つの大きな正方形を作ってください」

生徒たちは、多少の苦労はしますが、じきに図9の正方形を描きあげます。

「では、できた二枚のスケッチの正方形を色鉛筆で塗って、両方を比べて眺めてみてください。何かわかることはありますか？」

これは、勘のいい生徒、早熟で知識をもった生徒がいないと答えを引き出すことができませんが、運がよければ、次のような解答が跳ね返ってきます。

図8

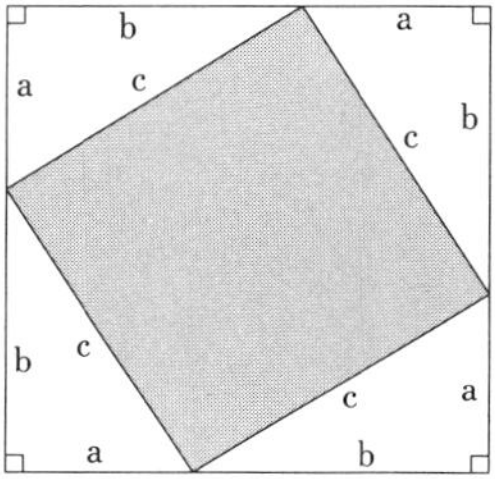

図9

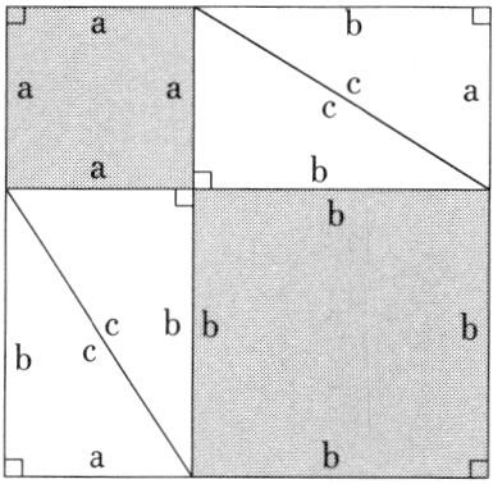

「最初にできた正方形に中と小の正方形を加えてできた正方形は、両方同じ大きさです。そこから四枚の直角三角形を取り除いてみれば、小さい正方形と中くらいの正方形の面積をあわせたものと大きな正方形の面積とが同じになるこ

図10

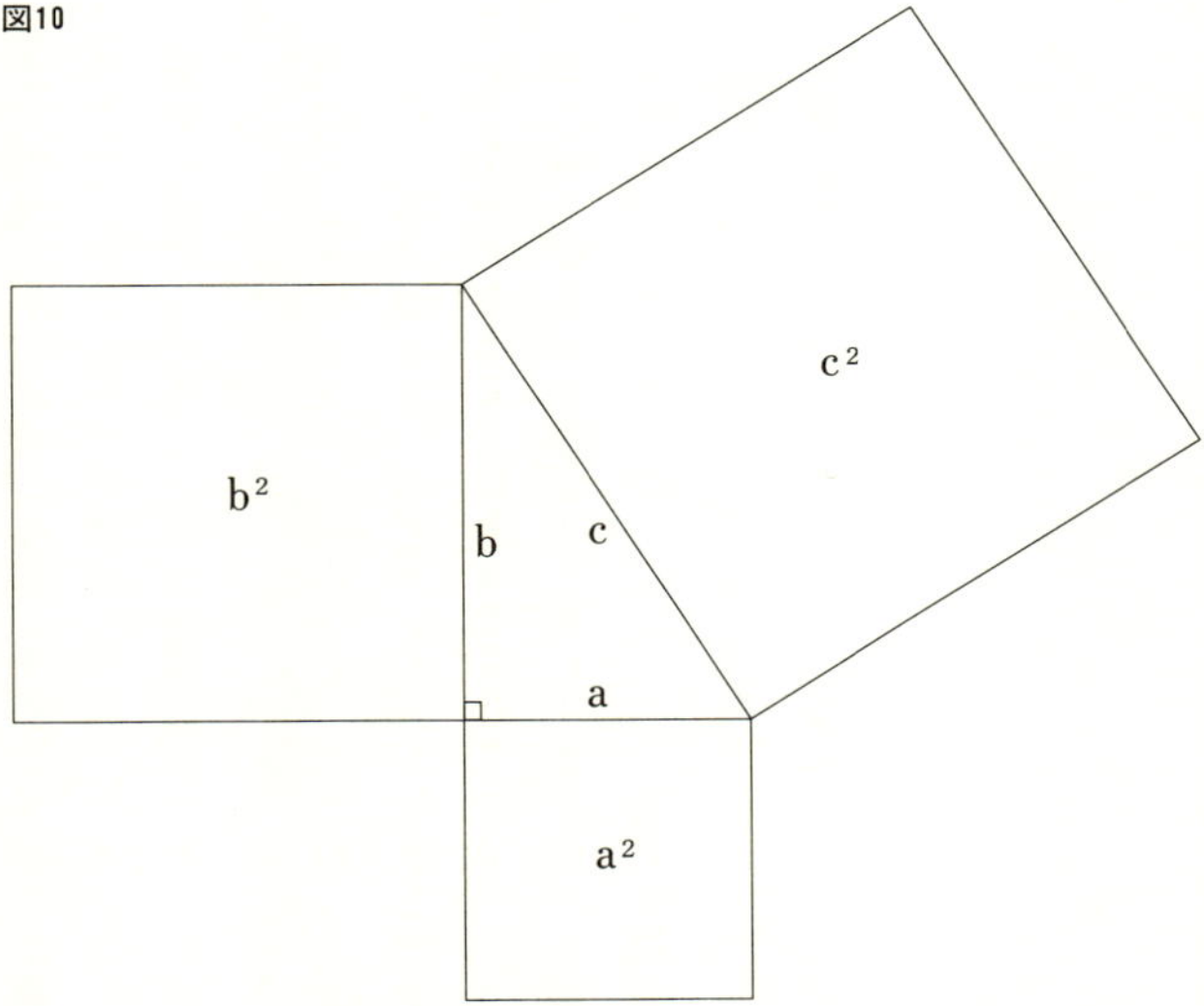

$$a^2 + b^2 = c^2$$

とがわかります」

ここまでたどりついたら、図10のような図形を作ってスケッチさせます。これはまさに残る一つの定理「ピタゴラスの定理」を表しています。「直角三角形の斜辺の平方は、他の二辺の平方の和である」という幾何学史上、最も著名な定理です。この正方形を組み立てる方法は、ピタゴラス当人が証明として実際に使った方法だと伝えられています。

この講義は、おおよそ三時間から四時間ぐらいで実行することができます。この程度の時間で、生徒たちは中学生の幾何の法則を総覧してしまうわけです。生徒たちのアンケートを見る限りでは、多くの生徒はこの講義を「楽しかった」と思ったようでした。何よりも、法則を覚えることを強制されたり、問題を解けないことで無能の烙印を押されたりしないことが、好感をもたらしたのだと思います。

自由気ままにスケッチを描いて、そこから次々と法則が掘り出されることで、生徒たちは、自分の内面にも〈数学〉とやらが生息している、そんな気配をほのかに感じたのではないでしょうか。その〈数学〉が、役に立ったり、価値があったりするかどうかは、経済というせちがらい世界でのことにすぎません。「〈私〉の中に数学がある」という驚きに比べればとるにたらないことでしょう。それを誰よりも筆者本人が実感として学べた講義でした。

あとがき

　まえがきにもちらっと書いたが、筆者は実は数学が苦手だった。正確にいうと、得意だったものが苦手になった。まがりなりにも東大数学科に進学したぐらいだから、中学・高校のときは、さすがに数学で苦労したことはなかった。数学の問題を解いたり、数学書を読んだりすることがこのうえない喜びだった。

　しかし、数学科に進学してからが地獄だった。同級生には天才が多く、博識で、どんな抽象的な概念も真綿のように吸収した。彼らに追いつくためには生まれ直して勉強し直さなくてはだめだとさえ思った。

　焦燥感の中で「暗記」に走った。ただただ数学書の記述を頭に詰め込もうとした。こういうときの数学ほどの苦行は他にあるまい。ようやく、中学高校の同級生たちの苦しみが身にしみてわかった。どこが理解できないのかも理解できず、問題を解こうとするとちっとも解けない。そんな状態に陥って抜け出せなくなった。それまで微笑み続けてくれた数学の女神も逃げ出してしまったようだった。大学院は何度受けても受からず、数学を勉強する意欲は次第に薄らいでいった。

そんな筆者の復活は、経済学に出会ってからのことである。経済学を学ぶ過程で、どうしたわけか数学が、それを専攻していたときと全く違うものに見えるようになっていた。経済学というのは、人間の経済行動を数理的に解明する分野である。したがって、そこに出てくる数学は、必ず何かの経済行動の理屈を描写したものである。だから数式の背後には、人間の心理や欲望やとまどいや意志などが映し出される。

こうなってみると数学は、筆者にとって、無味乾燥な数式の羅列などではなく、表現力豊かな絵画や音楽のように感じられるようになった。十分に理解できるまでいくらでも眺めたりいじくったりできるようになった。なぜなら筆者には、「人間を理解する」努力は全く苦痛でないからだ。筆者はこのように、文系になることで、「数学嫌い」から「数学下手」に復帰できたのである。

筆者が経験したような、文系だからこその数学との蜜月がある。本書によって、読者にもそのような出会いがあらんことを祈ってやまない。

本書の企画は、講談社現代新書の阿佐信一さんから丁寧な封書が届いたときから始まった。いまどき手紙で執筆依頼を下さる編集者は珍しい。そこには達筆な字で、文系の人を元気付ける数学書を作りたい、という想いが熱くしたためられていた。企画を進めるうちに、阿佐さんの作りたい数学書こそが、筆者に生じた数学に関する内的変化を読者に伝えるのにベストであることがわかった。筆者はこれまで、少なくない数学書を書いてきたが、本書ほど力まず素直に思いのたけを書けたのは初めてである。すべては、編集者の企画と適切なコメントの賜物であることを、お礼とともにここに書き留めておきたい。

二〇〇四年十月　　アテネオリンピックの年に　　小島寛之

講談社現代新書　1759

文系《ぶんけい》のための数学教室《すうがくきょうしつ》

二〇〇四年一一月二〇日第一刷発行

著者　小島寛之《こじまひろゆき》

発行者　野間佐和子

発行所　株式会社講談社

東京都文京区音羽二丁目一二—二一　郵便番号一一二—八〇〇一

電話　出版部　〇三—五三九五—三五二一
販売部　〇三—五三九五—五八一七
業務部　〇三—五三九五—三六一五

装幀者　中島英樹

印刷所　大日本印刷株式会社

製本所　株式会社大進堂

定価はカバーに表示してあります　Printed in Japan

N.D.C.410　210p　18cm
ISBN4-06-149759-6

「講談社現代新書」の刊行にあたって

教養は万人が身をもって養い創造すべきものであって、一部の専門家の占有物として、ただ一方的に人々の手もとに配布され伝達されうるものではありません。

しかし、不幸にしてわが国の現状では、教養の重要な養いとなるべき書物は、ほとんど講壇からの天下りや単なる解説に終始し、知識技術を真剣に希求する青少年・学生・一般民衆の根本的な疑問や興味は、けっして十分に答えられ、解きほぐされ、手引きされることがありません。万人の内奥から発した真正の教養への芽ばえが、こうして放置され、むなしく滅びさる運命にゆだねられているのです。

このことは、中・高校だけで教育をおわる人々の成長をはばんでいるだけでなく、大学に進んだり、インテリと目されたりする人々の精神力の健康さえもむしばみ、わが国の文化の実質をまことに脆弱なものにしています。単なる博識以上の根強い思索力・判断力、および確かな技術にささえられた教養を必要とする日本の将来にとって、これは真剣に憂慮されなければならない事態であるといわなければなりません。

わたしたちの「講談社現代新書」は、この事態の克服を意図して計画されたものです。これによってわたしたちは、講壇からの天下りでもなく、単なる解説書でもない、もっぱら万人の魂に生ずる初発的かつ根本的な問題をとらえ、掘り起こし、手引きし、しかも最新の知識への展望を万人に確立させる書物を、新しく世の中に送り出したいと念願しています。

わたしたちは、創業以来民衆を対象とする啓蒙の仕事に専心してきた講談社にとって、これこそもっともふさわしい課題であり、伝統ある出版社としての義務でもあると考えているのです。

一九六四年四月　野間省一

自然科学・医学

7 物理の世界——湯川秀樹 片山泰久 山田英二

15 数学の考え方——矢野健太郎

1126 「気」で観る人体——池上正治

1138 オスとメス＝性の不思議——長谷川真理子

1141 安楽死と尊厳死——保阪正康

1280 ヒトはなぜ子育てに悩むのか——正高信男

1328 「複雑系」とは何か——吉永良正

1343 カンブリア紀の怪物たち——サイモン・コンウェイ・モリス 松井孝典 監訳

1349 〈性〉のミステリー——伏見憲明

1427 ヒトはなぜことばを使えるか 山鳥重

1495 理想の病院——吉原清児

1500 科学の現在を問う 村上陽一郎

1511 優生学と人間社会——米本昌平 松原洋子 橳島次郎 市野川容孝

1581 先端医療のルール——橳島次郎

1591 明るく乗りきる男と女の更年期——赤塚祝子

1598 進化論という考えかた 佐倉統

1602 不妊治療は日本人を幸せにするか——小西宏

1611 がんで死ぬのはもったいない——平岩正樹

1619 文系にもわかる量子論 森田正人

1682 がん医療の選び方——吉原清児

1689 時間の分子生物学——粂和彦

1700 核兵器のしくみ——山田克哉

1704 アインシュタイン相対性理論の誕生——安孫子誠也

1706 新しいリハビリテーション 大川弥生

哲学・思想Ⅰ

哲学・思想Ⅱ

経済・ビジネス

宗教

日本史

政治・社会

世界の言語・文化・地理

心理・精神医学

331 異常の構造——木村敏

383 フロイト——ラッシェル・ベイカー 宮城音弥 訳

539 人間関係の心理学 早坂泰次郎

590 家族関係を考える——河合隼雄

609 好きと嫌いの心理学 詫摩武俊

622 うつ病の時代——大原健士郎

645 〈つきあい〉の心理学 国分康孝

674 〈自立〉の心理学——国分康孝

677 ユングの心理学——秋山さと子

697 自閉症——玉井収介

725 リーダーシップの心理学——国分康孝

824 森田療法——岩井寛

895 集中力——山下富美代

901 退却神経症——笠原嘉

914 ユングの性格分析 秋山さと子

981 対人恐怖——内沼幸雄

1011 自己変革の心理学——伊藤順康

1020 アイデンティティの心理学 鑪幹八郎

1044 〈自己発見〉の心理学 国分康孝

1083 青年期の心——福島章

1159 心身症——成田善弘

1177 自閉症からのメッセージ——熊谷高幸

1198 ストレス対処法——ドナルド・マイケンバウム 根建金男 市井雅哉 監訳

1241 心のメッセージを聴く 池見陽

1289 軽症うつ病——笠原嘉

1297 〈心配性〉の心理学——根本橘夫

1348 自殺の心理学——高橋祥友

1372 〈むなしさ〉の心理学 諸富祥彦

1376 子どものトラウマ——西澤哲

1390 多重人格——和田秀樹

1416 拒食症と過食症——山登敬之

1456 〈じぶん〉を愛するということ——香山リカ

1465 トランスパーソナル心理学入門——諸富祥彦

1570 紛争の心理学——アーノルド・ミンデル 永沢哲 監修 青木聡 訳

1585 フロイト思想のキーワード——小此木啓吾

1586 〈ほんとうの自分〉のつくり方——榎本博明

1625 精神科にできること 野村総一郎

1683 ひとに〈取り入る〉心理学——有倉巳幸

知的生活のヒント

78 大学でいかに学ぶか　増田四郎
86 愛に生きる――鈴木鎮一
240 生きることと考えること　森有正
327 考える技術・書く技術――板坂元
436 知的生活の方法――渡部昇一
553 創造の方法学――高根正昭
587 文章構成法――樺島忠夫
633 読書の方法――外山滋比古
648 働くということ――黒井千次
705 自分らしく生きる――中野孝次
706 ジョークとトリック　織田正吉
722 「知」のソフトウェア――立花隆

1027 「からだ」と「ことば」のレッスン　竹内敏晴
1275 自分をどう表現するか　佐藤綾子
1468 国語のできる子どもを育てる――工藤順一
1485 知の編集術――松岡正剛
1517 悪の対話術――福田和也
1522 算数のできる子どもを育てる　木幡寛
1546 駿台式！本当の勉強力――大島保彦 霜栄 小林隆章 野島博之 鎌田真彰
1563 悪の恋愛術――福田和也
1603 大学生のためのレポート・論文術――小笠原喜康
1616 理系発想の文章術――三木光範
1620 相手に「伝わる」話し方　池上彰
1626 河合塾マキノ流！国語トレーニング――牧野剛
1627 インタビュー術！――永江朗

1631 「ひらきこもり」のすすめ――渡辺浩弐
1639 働くことは生きること　小関智弘
1643 論理に強い子どもを育てる　工藤順一
1665 新聞記事が「わかる」技術　北村肇
1668 脳を活かす！必勝の時間攻略法　吉田たかよし
1677 インターネット完全活用編 大学生のためのレポート・論文術　小笠原喜康
1678 プロ家庭教師の技――丸山馨
1679 子どもに教えたくなる算数　栗田哲也
1684 悪の読書術――福田和也
1697 デジタル・ライフに強くなる　滝田誠一郎 デジタル生活研究会
1716 脳と音読――川島隆太 安達忠夫
1729 論理思考の鍛え方――小林公夫

趣味・芸術・スポーツ

676 酒の話――小泉武夫
863 はじめてのジャズ――内藤遊人
874 はじめてのクラシック　黒田恭一
1025 J・S・バッハ――礒山雅
1287 写真美術館へようこそ――飯沢耕太郎
1320 新版・クラシックの名曲・名盤――宇野功芳
1371 天才になる！――荒木経惟
1381 スポーツ名勝負物語　二宮清純
1404 踏みはずす美術史――森村泰昌
1422 演劇入門――平田オリザ
1454 スポーツとは何か――玉木正之
1460 投球論――川口和久
1490 マイルス・デイヴィス――中山康樹
1498 小さな農園主の日記　玉村豊男
1499 音楽のヨーロッパ史　上尾信也
1506 バレエの魔力――鈴木晶
1510 最強のプロ野球論――二宮清純
1548 新ジャズの名演・名盤――後藤雅洋
1569 日本一周 ローカル線温泉旅――嵐山光三郎
1595 無敵のラーメン論――大崎裕史
1606 日韓サッカー文化論　盧廷潤／二宮清純 監修
1630 スポーツを「視る」技術　二宮清純
1632 スポーツ語源クイズ55　田代靖尚
1633 人形作家――四谷シモン
1653 これがビートルズだ　中山康樹
1654 市川新之助論――犬丸治
1657 最強の競馬論――森秀行
1661 表現の現場――田窪恭治
1666 野球とアンパン――佐山和夫
1710 日本全国 ローカル線おいしい旅　嵐山光三郎
1720 ニッポン発見記――池内紀
1723 演技と演出――平田オリザ
1727 日本全国 離島を旅する――向一陽
1730 サッカーの国際政治学　小倉純二
1731 作曲家の発想術――青島広志
1735 運動神経の科学――小林寛道

日本語・日本文化